U0157411

建设工程精品范例集 2022

张宁宁　主编

中国建筑工业出版社

图书在版编目（CIP）数据

建设工程精品范例集. 2022 / 张宁宁主编. — 北京：
中国建筑工业出版社，2022.12
ISBN 978-7-112-28165-7

Ⅰ.①建… Ⅱ.①张… Ⅲ.①建筑工程 — 工程施工 —
案例 — 中国 — 2022 Ⅳ.① TU7

中国版本图书馆CIP数据核字（2022）第217585号

本书详细介绍了江苏省2021年度荣获"鲁班奖""国家优质工程奖"以及部分
"华东地区优质工程奖""扬子杯"工程的企业创建精品工程的过程。对工程管
理、策划实施、过程控制、难点重点把握、科技创新、技术攻关、绿色施工等方
面进行了系统总结和阐述。

全书图文并茂，资料翔实，实用性强，对广大建筑企业深入开展创建精品工
程活动具有重要的推广应用价值和学习借鉴意义。

责任编辑： 高 悦 张 磊
责任校对： 姜小莲

建设工程精品范例集2022

张宁宁 主编

＊

中国建筑工业出版社出版、发行（北京海淀三里河路9号）
各地新华书店、建筑书店经销
北京雅盈中佳图文设计有限公司制版
临西县阅读时光印刷有限公司印刷

＊

开本：787毫米×1092毫米 1/16 印张：$15\frac{1}{2}$ 字数：366千字
2022年12月第一版 2022年12月第一次印刷
定价：158.00元
ISBN 978-7-112-28165-7
（40276）

《建设工程精品范例集 2022》编写委员会

主任委员：张宁宁

委　　员：（按姓氏笔画排序）

于国家　王静平　纪　迅　任　仲　成际贵

伏祥乾　孙振意　李若澜　时建民　张俊春

杨国忠　陈海昌　赵铁松　徐宏均　蔡　杰

薛乐群

主　　编：张宁宁

副 主 编：纪　迅　于国家　成际贵　蔡　杰　任　仲

编　　审：赵正嘉　吴碧桥

编　　撰：赵铁松　谢　伟　庞　涛　韩树山　方　韧

邬建华　汪少波　王　军　周　阳　马　俊

主编单位：江苏省建筑行业协会

前　言

　　2022 年，是极不平凡的一年，是具有里程碑意义的一年。党的二十大胜利召开，对建筑业发展意义重大。新中国成立以来，建筑业作为国民经济支柱产业，地位逐步确立，作用日益突出。江苏建筑业在省委、省政府的正确领导下，产值继续领跑全国，建造能力不断增强。在改善城市面貌、解决劳动力就业、满足人民美好生活需求等方面作出了重要贡献。

　　建设工程是建筑业辉煌成就的集中体现，我省广大建筑企业和建设者们砥砺前行，建成了一批高、大、难、精、尖的精品工程。为此，我会出版发行《建设工程精品范例集 2022》，详细介绍我省荣获 2021 年度中国建设工程"鲁班奖""国家优质工程奖"，以及部分质量评价为精品的江苏省优质工程奖"扬子杯"等工程的创建全过程。全面展示我省工程质量管理成果、总结我省建筑企业在工程质量管理上取得的先进经验和精品工程创建心得，值得我省建筑企业及从业者学习和借鉴。

　　新时代，新征程。我省建筑企业要按照习近平总书记赋予江苏"争当表率、争做示范、走在前列"的新使命、新任务，紧扣"强富美高"美好蓝图，牢牢把握新发展阶段的任务要求，坚定不移贯彻新发展理念、构建新发展格局，不断提高建设工程技术质量和安全生产管理水平，提升工程建设整体质量品质，努力为谱写"强富美高"新江苏现代化新篇章贡献力量！

张宇宇

2022 年 12 月 2 日

目　录

1 工程简介

江苏省供销合作经济产业园（A 栋、B 栋、C 地下室）工程位于南京市雨花台区梦都大街以南、凤台南路以西、西临南河；是一幢现代化综合办公楼（图 1）。

项目占地 11028m²，地块呈南北向狭长形，南北向长约 310m，东西向宽约 40m。

工程总建筑面积 108217.6m²，其中地下 29573.9m²，地上 78643.7m²，主要结构形式为框架剪力墙，主要功能为商业、酒店、办公及展示等。地下 –3 层，地上 A 栋 28 层，建筑高度 109m；B 栋 19 层，建筑高度 80m；裙楼 6 层，建筑高度 27.1m（图 2）。

图 1　项目照片（一）　　图 2　项目照片（二）

建设单位：江苏省供销合作经济产业园有限公司

设计单位：江苏省建筑设计研究院股份有限公司

勘察单位：江苏南京地质工程勘察院

监理单位：江苏省华夏工程项目管理有限公司

总包单位：南通新华建筑集团有限公司

参建单位：

江苏华东建设基础工程有限公司（桩基）

武汉凌云建筑装饰工程有限公司（幕墙）

南通承悦装饰集团有限公司（装饰）

工程于 2016 年 6 月 8 日开工，2019 年 6 月 24 日竣工验收，2019 年 6 月 28 日完成竣工备案。

2 工程主要特点、难点

2.1 设计特点

本项目为江苏省供销合作经济产业园有限公司的企业办公大楼，以企业 LOGO 为切入点，通过提取语言，形象演化，重塑建筑、体块组合，沿凤台南路展开，形成良好的沿街效果，与河西新城区形成呼应，将建筑体量一分为二，形成与河西 CBD 相通的视觉廊道，创造出挺拔、新颖、实用、高能的创意空间，填补城市节点缺失，成为空间语言重要一环。开放空间和城市客厅满足了办公、消费和展示的不同需求，与环境和谐共生。

南北立面则采用竖向线条，并针对南北导向立面特征做了浅色垂直实体元素，组合深色横向楼层坎墙，起到地区标志性作用，结合泛光达到"刺破青天锷未残"的意境（图 3）。

2.2 工程施工难点

难点 1：地下室基坑占地面积大（10620m²），且地下室基坑超长（310m），施工场地狭小（图 4）。

难点 2：基坑纵向 310m，西侧沿城市河道展开，地下 –3 层，主楼核心筒最大挖深达

图 3 南北立面图

图 4 地下室基坑

17.8m，且进入淤泥粉质土层，渗透系数小，土方开挖难度大（图 5）。

难点 3：主楼核心筒群桩承台 [13200×15500×4300（h）及 11200×7550×5500（h）等多种]，大体积混凝土温度和收缩变形控制难度大（图 6）。

图 5 主楼基坑

图 6 群桩承台钢筋

难点 4：大面积地下室底板面筋马凳搁置平整度与标高控制难（图 7）。

图 7 马凳

难点 5：劲性钢柱与钢筋交叉连接施工质量控制难（图 8）。

图 8 钢柱与钢筋交叉节点

难点 6：裙楼独立柱截面尺寸 1000mm×1200mm，高度 12.7m，且为大截面钢混劲性柱，按亚清水混凝土要求施工，混凝土模板刚度要求高、柱模施工控制难（图 9）。

图 9　裙楼独立柱

难点 7：A 栋、B 栋主楼屋面为斜坡结构，坡度达 15%，结构复杂，细部节点多，施工难度大（图 10）。

图 10　主楼屋面

难点 8：本工程高支模部位多，最高达 17.6m，梁截面最大尺寸为 800mm×1450mm，高支模体系施工难度大、风险高（图 11）。

图 11　高支模部位

难点 9：地下车库采用环氧树脂耐磨地坪，面积大（22500m²），质量控制难（图 12）。

图 12　环氧树脂耐磨地坪

难点 10：石材幕墙采用开放式背栓干挂，装配感及立体感强，施工质量控制难（图 13）。

图 13　石材幕墙

难点 11：吊顶形式多，面积大（48578m²），材料品种多，施工难度大。运用 BIM 技术提前策划、节点深化设计、施工工艺三维模拟、碰撞检查、及时调整管综，精心施工（图 14）。

图 14　吊顶三维设计

3

管综排布剖面图

地下室管道与梁碰撞

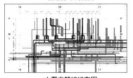
水泵房管综排布图

地下室管道与梁碰撞

图 14　吊顶三维设计（续）

3　质量管理与过程控制

工程地处南京雨花台区软件谷，为凤台南路沿线景观的重要节点。

工程伊始，我们就确立了确保江苏省"扬子杯"，争创"鲁班奖"的质量目标。

3.1　质量管理措施

（1）创新项目管理，实施"四维一体"管理，即"全面策划、过程精品，标价分离，项目文化"的管理方式（图 15）。

图 15　"四维一体"管理方式

（2）筑牢质保体系管理网，笃定全员质量责任，为工程创优提供组织保障。

总结以往经验，进一步筑牢质量管理体系管理网，强化推行全员质量责任制，明确各级管理人员、施工人员的质量责任，制定《项目

质量计划》《创优策划》《月度质量检查验收评比计划》《亚清水混凝土施工标准与奖惩办法》《平面图定人定位定责管理制》《质量成果交接制度》，将质量目标层层分解，落实到每个专业施工班组。项目部全面推行了全检制、平面图定人定位定责制、质量成果交接制，加大对施工全过程质量监督检查和管理力度，为工程创优提供组织保障（图 16）。

图 16　工程创优

（3）强化宣贯力度，营造创优氛围。

为了确保目标实现，我们亮出了"建精品工程，树品牌优势"的公示标语，在全体管理人员中强化形成"立足高起点，着眼高标准；营造精品，追求更好"的指导思想，通过各种形式对职工进行宣传发动，营造创优氛围，并不断通过目标管理来狠抓实效（图 17）。

图 17　宣传标语

（4）"施工组织、创优策划、施工方案、BIM 技术应用、措施预案、技术交底、作业指导卡"先行，为施工质量保驾护航。

严格做到策划在前，强化施工组织、方案和交底的优化和落实，编制了详细的施工组织设计和 72 项专项施工方案。分项工程、关键工序均进行详细的技术交底（图 18）。

图 18　开会讨论

（5）样板引路，平面图"定人定位定责"管理，确保实现过程精品。

强化推行全优过程管理，内控标准"依据规范，高于规范"，作业班组实行"平面图定人定位定责"管理，每道工序施工前均严格执行质量成果交接制（图 19）。BIM 虚拟样板与实物样板同步推进，提高全员质量精品意识。从而真正实现了"一次成优、过程精品"（图 20）。

图 19　现场质量成果交接

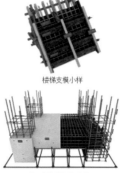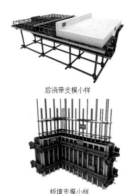

楼梯支模小样　　　　后浇带支模小样

柱梁板钢筋绑扎小样　　板墙支模小样

图 20　BIM 模拟

（6）针对"大截面独立柱、大体积混凝土、劲性结构、现浇坡屋面、高大模板支撑体系"等施工难点关键工序，开展 QC 活动，攻坚克难，治理质量通病，确保工程创优（图 21）。

图 21　攻坚克难

3.2　过程控制措施

1）钢筋工程

（1）框架柱和剪力墙竖向构件主筋采用梯子筋控制位置（距楼面 1.5~1.8m 设置梯子筋）。墙柱水平钢筋绑扎，采用皮数杆控制水平度（图 22）。

（2）在楼面模板上弹出板面钢筋间距控制线，钢筋绑扎时根据墨线绑扎板面钢筋（图 23）。

2）模板工程

（1）改变传统意义上的墙柱包角支模，墙柱模板相互包穿，墙柱角木楞将模板围合错缝，有效解决墙柱构件阳角不顺直和漏浆问题的产生（图 24）。

图 22 墙柱钢筋

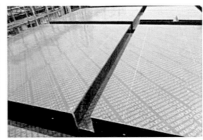
图 23 楼板钢筋

图 24 楼梯施工缝

（2）严格控制竖向构件根部现浇板平整度及标高，做到内外同平。

（3）墙柱水平施工缝设置止口：在临空施工缝处设置 20mm×30mm 通长槽口，支模时模板下挂紧固到位，质检员全数验收，保证竖向构件交接部位混凝土平整。

（4）楼梯施工缝部位采用 10cm 宽板条拼装成活动型的模板支撑体系，混凝土浇筑完成后，将板条从侧面抽除，施工缝凿毛至露石，清洗冲刷干净后，再将板条封闭，避免施工缝部位杂物难以清除。

（5）按模板组装图进行现场安装，模板拼接严密，防止漏浆，确保混凝土接缝部位质量；背衬木方间距不大于 250mm（图 25）。

（6）卫生间等有高低差的部位采用角钢制作定型止口，确保高差部位边角整齐、棱角分明（图 26）。

3）混凝土工程

（1）采用 6m 铝合金刮尺赶平（图 27）。

（2）混凝土初凝、终凝前采用电动磨光机二次收糙，墙柱根部人工收糙，收糙时严格控制收糙时机（图 28）。

（3）楼面混凝土平整度控制：现浇板混凝土浇筑前在平台板筋上焊接止水片，钢筋顶面标高比楼面低 3mm，便于收糙人员用刮尺直观准确控制楼面混凝土标高及平整度（图 29）。

图 28 电动磨光机二次收糙 图 29 楼面混凝土平整度控制

（4）现浇混凝土楼板每隔 6m 设置板厚控制点（为了确保定位准确，采用薄壁钢管浇入 C30 混凝土中间，制成混凝土块后与板筋绑扎固定，钢管上下端均密裹胶布封闭）（图 30）。

（5）现场制作板厚控制工具，混凝土浇筑时将板厚控制器直接插入混凝土中，通过测

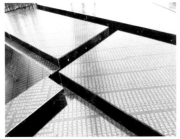
图 25 按模板组装图进行现场安装

图 26 卫生间等有高低差的部位

图 27 刮尺赶平

图 30　板厚控制点

图 31　现场制作板厚
控制工具

图 32　试块表面标识

量钢板下口与混凝土表面距离动态控制板厚（图 31）。

（6）混凝土试块表面刻字标识，并贴二维码，便于验证、查询（图 32）。

（7）混凝土成品保护。墙、柱阳角等采用定型防护保护（图 33）。

踏步阳角倒 45° 钝角，防止踏步阳角在施工过程中被损坏（图 34）。

图 35　水平构件养护

图 36　竖向构件
养护

图 33　墙、柱阳角

图 34　踏步阳角

（8）混凝土养护。

水平构件养护：水平构件根据温度高低，夏天使用薄膜覆盖，洒水养护，冬季混凝土浇筑完成后，及时使用薄膜和麻袋进行覆盖养护（图 35）。

竖向构件养护：墙、柱模板拆除后，专人涂刷专用养护液，并包裹薄膜（图 36）。

4）砌体工程

（1）利用 BIM 软件，依据施工规范及现场经验，快速批量对整栋或整层砖墙进行排布，提前模拟出符合施工现场的砌块排布方案，生成墙体立面排布图、平面编号图，统计出各规格砌块用量，实现精细化排砖和损耗控制，加快施工进度，减少二次搬运（图 37）。

（2）预留竖向缝留凹槽：砖砌体与混凝土框架柱、剪力墙竖向交接部位，在两侧嵌

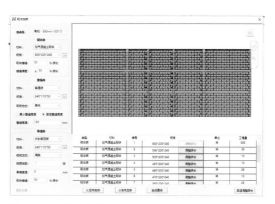

图 37　BIM 软件设计

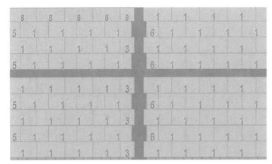

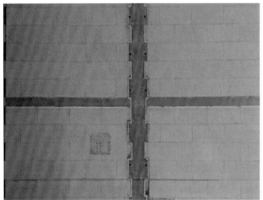

图37　BIM软件设计（续）

方钢预留深、宽均为25mm的凹槽竖向缝（图38）。

（3）预留箱预制框制作：根据配电箱规格型号预制混凝土配电箱预制框，混凝土强度等级不小于C20，预制框上下端预留进出线管位置，墙体砌筑时安装固定，避免二次开凿，避免该部位墙体裂缝产生（图39）。

4　工程质量特色与亮点

亮点1：混凝土内坚外美，几何尺寸准确，棱角分明，节点清晰。竖向结构垂直度、平整度均≤5mm（规范8mm）（图40）。

亮点2：单元式幕墙由透明部分的Low-E玻璃与非透明部分的幻彩铝板（1850块，3233m²）组合而成，电脑排版，工厂组装，运至现场吊装，稳重大气、环保节能、隔声隔热效果好（图41）。

图40　混凝土内坚外美　　图41　单元式幕墙

亮点3：主楼南北立面竖向石材线条（10000m²），采用电脑排版，安装牢固、拼缝平直、整齐、外观靓丽（图42）。

亮点4：室内办公区及电梯厅顶棚大量采用集成设备带，将消防喷头、烟感、音响、通信、监控器、智能控制器、控制开关盒等各种终端设备多功能自由整合，集成度高、隐蔽性强、和谐美观、高效节能（图43）。

图42　主楼竖向石材线条

 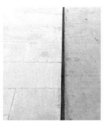  

图38　预留竖向缝留凹槽　　　图39　预留箱预制框制作

图 43　室内办公区及电梯厅

图 47　地毯

亮点 5：室内吊顶新颖多样，铝板、铝方通吊顶、综合顶棚、石膏板、负离子板等各类吊顶专项排版深化设计，做工精细、安装牢固、过渡自然、排列整齐、接缝严密、经久耐用、美观大方（图 44）。

亮点 9：石材、地砖地面（21082m²）粘贴牢固、无空鼓，接缝平整严密（图 48）。

图 44　室内吊顶

图 48　地面

亮点 6："风口、检修口、灯具、烟感、喷淋"等布置整齐美观，灯具安装成行成线（图 45）。

亮点 10：地下车库彩色环氧树脂耐磨地坪（22500m²），平整光洁、防滑耐用（图 49）。

图 45　灯具

图 49　环氧树脂耐磨地坪

亮点 7：石材、超薄陶瓷薄板、不燃板等墙面，对缝精细、安装牢固、表面平整、色泽协调（图 46）。

亮点 11：汽车坡道铺贴消声石材，粘结牢固、拼缝顺直、消声环保（图 50）。

亮点 8：地毯（17558m²）铺贴平整，拼缝严密、美观大方（图 47）。

图 50　汽车坡道

图 46　墙面

亮点 12：221 个卫生间样板引路，精心施工，洁具位置准确，标高一致，地漏设置规范美观（图 51）。

图 51　卫生间

亮点 13：机电安装采用多形式抗震支架，安装方便、受力稳定可靠（图 52）。

亮点 14：给水排水管道坡向正确、安装顺直、布置合理、分色标识清晰、接口严密、无渗漏；管道防腐处理到位，面漆均匀牢固（图 53）。

图 52　机电安装　　　　图 53　给水排水管道

亮点 15：穿墙、穿楼板管道根部防火泥封堵，外罩不锈钢，美观耐用（图 54）。

图 54　穿墙、穿楼板管道

亮点 16：机电工程运用 BIM 技术提前策划，设备排列整齐，部件标高、朝向一致、标识清晰（图 55）。

图 55　设备排列

亮点 17：配电箱、柜接线规范整齐，相序正确、标识明确，接地可靠（图 56）。

图 56　配电箱、柜

亮点 18：火灾自动报警系统、电视监控系统、门禁系统、巡更系统、安全防范系统、控制室系统等智能系统安装规范，运行可靠、联动迅速（图 57）。

图 57　智能系统

5　工程获奖情况及综合效果

5.1　质量获奖

（1）工程获 2020 年度南京市优质工程"金陵杯"奖（图 58）。

（2）工程获 2020 年度江苏省优质工程"扬子杯"奖（图 59）。

（3）工程获 2020 年度中国建筑工程装饰奖（图 60）。

5.2 技术获奖

（1）国家专利 4 项：建筑施工用的冷光源照明灯、一种建筑工地隔离栏、一种建筑工程用警示牌、一种建筑装饰用储藏装置（图 61）。

（2）省级工法 7 项：自动化楼层防护门安装施工工法、轻质铝合金龙骨＋木挂板墙面平整度控制施工工法、屋面女儿墙根部预留企口防渗施工工法、钢柱基础节自由安装施工工法、工具式施工电梯钢平台装配化制作与施工工法、防爆装饰一体化轻质隔墙施工工法、大截面内附无甲醛消音板金属风管施工工法（图 62）。

（3）新技术。

工程获 2019 年江苏省建筑业新技术应用示范工程，应用水平达国内领先（图 63）。

图 62　获奖证书 5

图 58　获奖证书 1　　　图 59　获奖证书 2　　　图 60　获奖证书 3

图 61　获奖证书 4

工程获全国建筑业创新技术应用示范工程（图64）。

图63 获奖证书6

图64 获奖证书7

（4）QC成果：全国1项，市级1项。

QC成果《提高现浇坡屋面施工一次验收合格率》被评为2018年江苏省优秀QC成果二等奖，并被中国建筑业协会质量分会评为全国优秀QC成果（图65）。

图65 获奖证书8

QC成果《提高大截面独立柱施工质量》被评为2017年南京市优秀QC成果二等奖（图66）。

（5）论文：省级1篇，市级2篇。

论文《可周转格构式钢梁平台塔式起重机基础施工技术》荣获2016年度江苏省优秀论文二等奖（图67）。

图66 获奖证书9

图67 获奖证书10

论文《自制移动式卷扬机施工技术》荣获2018年度南京市优秀论文三等奖（图68）。

论文《江苏省供销合作经济产业园项目BIM技术在建造阶段的应用》获南通市优秀论文一等奖（图69）。

图68 获奖证书11

图69 获奖证书12

（6）项目管理成果：全国1项。

《弘扬工匠精神，打造新华品牌》荣获2020年全国建设工程项目管理Ⅱ类成果（图70）。

（7）江苏省建设工程BIM应用大赛二类成果（图71）。

图70 获奖证书13

图71 获奖证书14

5.3 设计获奖

工程获 2020 年度江苏省优秀工程设计一等奖，2020 年度南京市优秀建筑工程设计一等奖（图 72）。

5.4 安全文明获奖

工程被评为 2017 年江苏省建筑施工标准化星级工地（等级：★★★）（图 73）。

图 72 获奖证书 15　　　图 73 获奖证书 16

5.5 绿色建筑、绿色施工效果

工程被评为二星级绿色建筑以及 LEED 认证金奖（图 74）。

工程获 2017 年度全国建筑业绿色建造暨绿色施工示范工程（图 75）。

图 74 获奖证书 17

工程获江苏省建筑业绿色施工示范工程，达优良水平（图 76）。

图 75 获奖证书 19　　　图 76 获奖证书 20

5.6 社会和经济效果

（1）工程质量现场观摩。

2017 年 6 月，本工程作为由南京市质监站组织的全市房屋建筑优质精品工程观摩现场，观摩内容"标准化施工管理亮点、BIM 技术应用、主体结构工程质量评价"，南京市质监站、雨花台区质监站人员、各责任主体及业界人士共计 860 余人参加了观摩。

（2）南京市、雨花台区通报表扬。

南京市城乡建设委员会组织的"2017 年度第二季度全市建设工程质量安全监督暨工程质量安全提升行动大检查"活动中项目部受到通报表扬。

南京市雨花台区安监站组织的 2017 年第三季度随机抽查和专项检查中项目部受到通报表扬。

产业园项目建成后，省供销合作总社所属大型企业（包括衍生企业）计 45 家入驻，人员近 3000 人，入驻企业年销售额达 650 亿元，年上缴税额超 10 亿元，充分带动周边区域的社会发展，进一步改善周边社会人文环境，提升城市形象，推进城市现代化进程，促进城市化建设。

项目具有良好的市场盈利水平，增加了财政税收，创造了就业机会；为国家创造了财富，为发展合作经济，打造总部经济，形成产业规模效应，推动区域和地方经济发展，构建和谐社会发挥了重要作用（图 77）。

图 77 项目图片

（吴小聪　徐宏均　赵秦斌）

2. 南通国际会展中心 ——南通四建集团有限公司

1 工程概况

南通国际会展中心位于南通市中央创新区核心——紫琅湖畔，本工程包括会议中心、展览中心两个单体，为多层民用公共建筑。项目造价 12.6 亿，总建筑面积 123584m²。其中，会议中心 1817m²，包含地上 3 层地下 –1 层；展览中心 41767m²，包含地上 2 层、地下 –1 层（图 1、图 2）。

图 1　会议中心　　　　图 2　展览中心

南通国际会展中心是南通市政府为南通"科创特区"——中央创新区重点打造的集大型会议、展览、餐饮于一体，"立足南通，联动上海，辐射江北，服务全省"的第六代智能高端会展综合体；是中央创新区，主动承接上海科创中心辐射，成为集聚科创、文创、医学、会展等创新要素平台的重要组成部分；是服务周边产业发展、构建完备会展产业链、赋能城市经济发展的重要载体。

本工程由南通市中央创新区科创产业发展有限公司投资建设，北京市建筑设计研究院有限公司设计，南通四建集团有限公司施工总承包。

2 工程主要特点及施工难点

2.1 工程主要特点

特点 1：社会关注度高、政治影响大。

项目与大剧院、美术馆隔湖相望，是紫琅湖畔重要景观，填补了南通及周边城市高端会展的空白，其社会影响及关注度不言而喻。在完工后，该项目立即作为"2019 年中国森林旅游节"的举办场馆（图 3）。工程顺利完工具有重要的政治意义。

特点 2：建筑造型新颖。

会议中心沿湖形成连续微弧，迎合紫琅湖，通过顶部连续三维曲面巨大屋盖及 56 根摇摆柱突出轻盈庄重的整体形象。在面湖一侧，舒展向上的屋顶和节奏性的柱廊，气宇轩昂，展现了积极的竞争意识和团结的民族精神（图 4、图 5）。

展览中心两侧展厅以圆形登录厅为中心

图 3　中国森林旅游节　　　图 4　会议中心外侧摇摆柱　　　图 5　展览中心双曲面屋盖

一字排开，顶部双曲面鱼腹式屋盖，通过简单的逻辑建构，展现了灵动的大跨度空间、丰富的立面表情和独特的整体意象。

特点3：结构复杂。

会议中心平面钢桁架跨度54m，重718t；悬挑双曲面交叉管桁架，总面积49381m²，最大高度30m，最大悬挑32m；大厅两侧布置24榀BRB屈曲支撑；南北两侧设置56根独立摇摆柱；共设置144个隔震支座（图6）。

展览中心屋盖采用72m跨度鱼腹式空间立体桁架，重3600t；登录厅焊接球网架直径60m，重100t；共设置144个隔震支座（图7）。

图6 BRB屈曲支撑　　图7 展览中心鱼腹式空间立体桁架

特点4：安装工程系统、设备数量多，智能化程度高。

安装工程涉及给水排水、暖通、电气等专业，包含给水系统、排水系统、自动灭火系统、冷热源系统、送风系统、排风系统、变配电系统、普通照明系统、应急照明系统、动力系统、防雷系统、消防报警系统等共19个子系统。电气主要设备395台（套），暖通主要设备149台（套），给水排水主要设备36台（套），建筑内共安装泵房4处，机房75处，强弱电间及配电室45处。

智能化包含23套子系统，包括3673台设备，7545个数据点位；为给会展中心营造舒适环境，需要对会展中心19个系统进行智能控制或监视（图8）。

特点5：装饰做法多，材料用量大。

1）室内装饰

地面装饰主要以石材、瓷砖、自流平、地毯为主；墙面装饰主要以石材、铝板为主；吊顶主要以纸面石膏板、铝板为主；装饰钢材用量达3000余t，石材用量4.1万余m²、铝板4.3万余m²、不锈钢3.8万余m²（图9）。

图8 智能化监控平台　　图9 精品展厅

2）室外装饰

室外装饰主要包括：玻璃幕墙、金属铝板幕墙、石材幕墙、檐口透光膜、铝格栅及百叶等。玻璃用量达到17700m²，金属铝板72300m²，石材16400m²，透光膜4000m²，铝格栅及百叶面积3600m²。

2.2 工程施工难点

难点1：会议中心屋面平面桁架、展览中心登录厅焊接球网架，跨度大、高度高、重量大、安装难度大。

会议中心东西侧中庭屋面（宴会厅、会议厅）标高22.4m位置处设计采用54m跨度平面桁架结构，中庭桁架由主桁架、连接梁、桁架支撑、檩托、檩托支撑、拉条和檩条等构件组成，总用钢量1056t。东、西区中庭主桁架分别为9榀和5榀，单榀主桁架的重量约52t。

展览中心登录厅屋顶为圆形焊接球网架，投影直径约60m，重量约100t。钢结构制作、吊装、焊接等施工难度大（图10、图11）。

采用整体提升施工，提升区域拼装完成后采用高精度计算机液压同步提升技术整体提升。提升前校正上、下吊点位置的垂直度，提

图 10　会议中心平面桁　　图 11　展览中心登录厅焊接
架结构　　　　　　　　　　　　　球网架

升过程中测量监控，及时纠偏，确保合拢精度
（图 12）。

难点 2：展览中心展厅鱼腹式桁架跨度大、
重量大、制作、安装难度大。

展览馆 A、B 展厅屋架采用鱼腹式桁
架（图 13），桁架上弦用支撑拉结，下弦仅
有斜腹杆连接，屋面为圆弧形金属屋面。屋
架跨度 72m，柱间距 12m，单榀桁架宽度
12m，高度 7m，上弦杆 500×16mm，下弦杆
450×16mm，单榀重量 120t，A、B 两馆共计
30 榀。

图 12　液压实时监测系统　图 13　鱼腹式桁架

采用贝雷架在序厅位置搭设操作平台进
行拼装，在原结构排架钢梁铺设轨道，采取分
段拼装累积滑移的施工方法。滑移过程中在钢
轨横向与纵向分别设置高精度工业红外测距
传感器，实时监测滑移构件与钢轨的横向与纵
向的相对位置，确保准确就位。

难点 3：屋面悬挑双曲面管桁架面积大、
高度高、拼装难度大。

屋面采用双曲面网架结构（图 14），结
构造型新颖，总面积 4.9381 万 m²，安装高度
30m，最大悬挑长度 32m，节点构造复杂。

屋面管桁架划分为 50 个分块，无标准块，
在施工现场布置 18 个拼装胎位，拼装完成后采
用两台 280t 的履带式起重机进行短驳和整体分
块吊装，单段最大吊装重量达到 33t（图 15）。

图 14　双曲网架结构　　　图 15　屋面管桁架吊装

难点 4：独立摇摆柱数量多、高度高，安
装难度大。

会议中心共有摇摆柱 56 根，用于支撑
屋面悬挑双曲面管桁架，柱高 28.9m，柱径
720mm，长细比达 120，且摇摆柱只在柱底与
柱顶设置支座，分别与基础、屋面悬挑双曲面
管桁架连接，各摇摆柱相互独立无任何连接，
垂直度难以控制，安装难度大（图 16）。

图 16　会议中心摇摆柱

摇摆柱安装时柱脚与基础埋件间采用卡
码进行焊接临时固定，在摇摆柱柱身子三分之
一处设置临时扶墙支撑，确保摇摆柱安装过程
中的安全性和稳定性。

难点 5：不规则双曲面造型屋面面积大、
高度高、精度要求高、施工难度大。

会议中心及展览中心金属铝板幕墙面积
共计 72300m²，展览中心大跨度异形鱼肚腹状

屋面铝板，顶板与底板带有双向弧度，会议中心双曲面管桁架屋面铝板对骨架及面层的安装精度要求较高，同时超大跨度及平均25.5m的临空安装高度更进一步增加了安装的难度。

施工中利用BIM技术对屋顶弧形不规则的曲面模型进行拆分，生成铝板加工图及编号，通过优化保证了80%的铝板具有相同尺寸规格，精确控制每块板的安装（图17）。

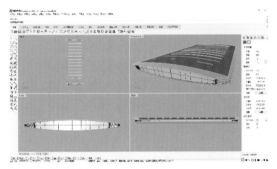

图17　BIM深化设计

搭设索网操作平台5000m²、整体提升式施工平台10套，确保施工安全（图18）。

图18　整体提升式施工平台

难点6：安装工程系统设备数量多，管线设备合理布置难。

会议中心地下室面积大，展览中心地下管廊空间狭小，暖通、给水排水、电气等系统均有管线通过，各系统管道接口多，管道与风管、电缆槽盒等交叉点多，确保各系统管道及设备

布置合理并尽可能提高楼层净空高度是本工程机电安装的一大难点。

利用BIM技术进行综合支吊架的型式设计、平面设计、大样设计、荷载计算、材料统计，融合多专业的技术要求，实现了质量好、工期快、材料省、整体美观的多重目标（图19）。

难点7：智能化系统之间信息共享和管理难。

智能化系统包括23套子系统，如何在一个中心、一个平台上对所有子系统进行集中地监视、优化控制和管理，从而达到实现会展中心内各智能化子系统之间的信息共享和管理，实现"降低人工成本""保证运行品质""降低运行能耗""智能运行管理"的目标，使南通国际会展中心成为一个安全、卫生、舒适、节能和环保的高档次智慧会展中心，是本工程的一个难点。

基于BIM的三维全寿命周期智慧会展管理平台，该平台具备场景漫游、能耗检测、舒适度检测、设备健康检测等功能。信息丰富、智能化程度高，解决了智能化系统之间信息共享及管理难题（图20）。

图19　综合支吊架三维图　　图20　全周期场馆智慧管理系统

3　质量过程控制与管理

3.1　质量控制措施

3.1.1　前期策划

1）建立管理体系

建立了以建设单位为核心，融入勘察、设计、施工、监理为一体的质量管理体系，

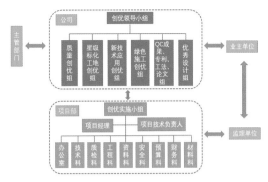

图 21 管理体系

图 22 会议中心钢结构 BIM 模型 图 23 展览中心机电管线 BIM 模型

成立质量创优领导小组，聘请创优专家顾问团（图 21）。

2）编制创优策划方案

编制了创优策划书，分解了创优目标，样板引路，对重点工序设置合理和必要的质量控制点及质量控制措施，并对作业人员进行培训、交底，严把工序验收关，确保过程质量。

3）观摩学习

组织管理人员及关键技术工人前往既往获奖项目观摩学习，学习创优经验及亮点做法。

3.1.2 过程管控

1）深化设计

组织各专业单位展开深化设计工作，统一与设计单位对接；统一深化深度、出图标准、节点做法和收口方式，确保各专业设计做法配套、各标段做法统一。

2）数字化施工

根据施工图纸及深化设计图纸统一建立 BIM 模型，综合考虑各专业施工内容，根据各专业施工项目对施工界面进行划分，严控各专业加工厂加工质量及加工精度，确保施工现场各专业接口位置能够对接准确、连接牢固。

建立各专业 BIM 模型，对节点做法进行细化，以可视化的形式进行展示（图 22、图 23）。

3）原材检测

从源头进行质量控制，保证材料从采购、加工、运输、安装各个环节都处于可控状态；在验收方面重点做好材料进场验收。

4）QC 活动

针对工程难点，开展 QC 小组活动，取得了提高地下室墙柱混凝土成型质量、提高钢框架结构加腋梁钢筋验收合格率、提高大截面不锈钢风管预制一次合格率、提高室内大规格铝板吊顶安装一次性合格率、不规则金属屋面板搭接节点的改进等 8 项省部级 QC 成果，确保了工程难点施工质量。

4 工程主要质量特色

亮点 1：大面积自流平地面施工精细、无空鼓裂缝，平整光滑、分区分色合理、标识醒目、美观大方、色泽一致，使用至今光亮如新（图 24）。

亮点 2：大面积展厅地面一次成型，无空鼓裂缝，平整光滑、色泽均匀（图 25）。

亮点 3：幕墙 BIM 策划，排版合理；石材幕墙缝隙均匀，无色差；玻璃幕墙胶缝顺直、封闭严密，无渗漏；金属屋面构造合理，安装牢固，曲面顺畅、咬合严密（图 26）。

图 24 自流平地面 图 25 展览中心展厅

亮点4：吊顶形式多样，排布合理，拼缝严密无错台，线条顺直，阴阳角方正，细部处理精细；灯具、烟感等末端设备安装贴合，成排成线（图27、图28）。

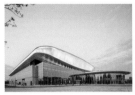

图26　展览中心外幕墙　　图27　会议区域吊顶

亮点5：室内石材、铝板安装牢固、平整方正，色泽均匀（图29）。

图28　登录厅区域吊顶　　图29　石材墙面

亮点6：石材、地砖地面排版分隔合理，表面平整光洁、纹理顺接，无色差；地毯铺贴接头平整、粘贴牢固、脚感舒适（图30）。

亮点7：移动屏风安装牢固，开闭灵活（图31）。

图30　阻燃地毯　　图31　会议中心移动屏风

亮点8：卫生间无渗漏，墙地石材对缝镶贴；洁具居中布置（图32）。

亮点9：设备机房布局合理；管道槽盒立体分层、排布整齐、标识清晰（图33、图34）。

亮点10：制冷机房设备、管道排布整齐美观、标识清晰（图35）。

图32　卫生间石材对缝洁　图33　消防泵房布局合理
具居中

图34　管道BIM综合优化　图35　制冷机房
排布

亮点11：泵房设备管线安装规范，仪表、阀门成排成行（图36）。

亮点12：多节弯保温护壳靓丽美观（图37）。

图36　阀门排列成排成行　图37　空调分集水器保护壳

亮点13：高低压成套配电柜排列整齐，配电箱布线规整，接地安全可靠（图38）。

亮点14：槽盒内电缆敷设整齐、美观（图39）。

图38　配电柜排列整齐　图39　槽盒内电缆敷设整齐、美观

亮点15：设备机房定制不锈钢排水沟槽，接头圆顺，规整通畅（图40）。

亮点 16：成品螺旋风管安装牢固，排列整齐，美观大方（图 41）。

图 40　不锈钢排水槽　　图 41　成品螺旋风管

5　综合效益及获奖情况

工程先后荣获"钢结构金奖""扬子杯"等 18 项省级以上奖项，工程质量始终处于行业内领先水平，安全、文明、信息化施工始终处于省市内领先水平，经济效益和社会效益显著。

5.1　质量效果

工程荣获 2020~2021 年度中国建设工程"鲁班奖"、2021 年度中国安装之星、十四届第一批中国钢结构金奖工程、2020 年度江苏省优质工程"扬子杯"、2020 年度南通市优质工程"紫琅杯"。

5.2　技术效果

（1）设计获奖：荣获江苏省勘察设计优秀奖。

新技术应用示范工程：工程被评为 2020 年江苏省建筑业新技术应用示范工程。

（2）QC 小组成果：获省部级 QC 成果 8 项。

（3）工法：获《结合 BIM 的圆锥与三角斜面金属屋面施工工法》等 4 项江苏省省级工法。

（4）专利：获《一种基于北斗 GNSS&BIM 的结构施工多点同步高精度定位方法》发明专利 1 项，《一种金属管道垂直对口定位固定装置》等实用新型 9 项。

（5）专著：出版《会展场馆建筑施工技术与管理创新》1 项，获《钢结构现场安装可视化管理软件》软件著作权 1 项。

5.3　社会和经济效果

南通四建经过 330d 的艰苦奋战，不负重托，工程按期交付，圆满举办 2019 年国家森林旅游节，把"南通速度""南通质量"推向了新的高度，在建筑行业内产生重要影响。

项目的建成填补了南通及周边地区高端会展领域的空白，成为南通又一张对外靓丽名片，对将南通打造成具有区域影响力创新之都的历史重任做出了重要贡献。

工程竣工交付使用至今，结构安全稳定，系统运行正常，符合设计和规范要求，满足使用功能，参建单位及使用单位对工程质量非常满意（图 42）。

图 42　2021 年南通市两会

（顾晓峰　张卫国　顾超）

3. 苏州市第二工人文化宫 ——中亿丰建设集团有限公司

1 工程概况

工程位于苏州市相城区，广济北路东、玉成路南、文灵路西，作为苏州职工文化活动的重要阵地，是集体育健身场馆、文化艺术馆、休闲娱乐设施于一体的大型综合体（图1）。

图 1　苏州市第二工人文化宫

工程根据功能分为 9 个区，建筑面积 80744.12m^2；地下 -1 层，地上 4 层，建筑高度 23.7m，-1 层为人防车库及设备用房等，1 区为综合馆、2 区为服务大厅、3 区 4 区为游泳馆、5 区为乒乓球及羽毛球馆、6 区为报告厅、7 区为办公会议室、8 区为培训及羽毛球馆、9 区为培训及影院。

2018 年 1 月 11 日开工，2020 年 5 月 27 日竣工。工程伊始就明确"鲁班奖"的质量目标。

2 参建单位

参建单位见表 1。

参建单位　　　　　　　　　　　　表 1

建设单位	苏州市总工会
代建单位	苏州市相城城市建设投资（集团）有限公司
设计单位	中衡设计集团股份有限公司
监理单位	中衡设计集团工程咨询有限公司
施工单位	中亿丰建设集团股份有限公司（总包）
	苏州金螳螂建筑装饰股份有限公司（参建）
	苏州中亿丰科技有限公司（参建）
	中亿丰（苏州）绿色建筑发展有限公司（参建）

3 工程重点、难点

3.1 双向交叉张弦胶合木梁屋盖施工技术

游泳馆屋面为双向交叉张弦胶合木梁屋盖，面积约 2400m^2，采用瑞典云杉方木通过在工厂拼接胶合成 250mm × 800mm 木梁尺寸，内插钢芯板，现场吊装至屋面，通过螺栓连接形成上弦主框架结构，下弦通过设置上万向铰和下转向块的胶合木撑杆，支撑下弦 34 根高强半平行钢丝束拉索，实现 67.2m × 36.6m 的全国最大跨度的双向交叉预应力张弦梁屋面，并且通过预埋索力传感器（8 个）和木梁应变片（24 个）对结构的全生命周期进行自动化数字监测，所有位移、应力及索力数据经计算模型验证，符合设计规范要求（图2）。获得多项国家专利技术。

 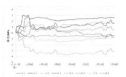

图 2　双向交叉张弦胶合木梁屋盖施工

3.2　大跨度玻璃肋幕墙施工技术

中庭大跨度玻璃肋驳接幕墙，南北方向约 108m，横跨整个中庭，属于国内已建成跨度最大的玻璃肋驳接幕墙。单支玻璃肋长为 17.1m，由三段长度为 4.6m、5.0m、7.5m 玻璃肋现场拼接而成，共 68 支玻璃肋，单支重量约 0.6t，转角单支重量约 2.3t。玻璃肋的安装是本工程的难点。

现场利用 60mm×60mm×6mm 钢方管焊接玻璃肋运输及吊装胎架，胎架后方设计一个防止侧翻的保护支架，利用屋面钢桁架安装电动葫芦轨道配合吊车进行玻璃吊装工作。玻璃肋基本处于竖向垂直状态后，进行微调，将 3 支（直径 36mm）对穿螺栓进行安装，再将胎架利用电动葫芦拆除。玻璃肋固定后安装不锈钢拉杆（图 3）。获得国家实用新型专利。

3.3　中庭钢结构施工技术

中庭屋面选用立体桁架钢结构体系，由 13 榀方管平面桁架和 1 榀三角方管桁架形成

主结构，下部钢结构云廊，通过 11 根高强度吊杆悬挂于屋面的桁架体系，实现连廊下方 70m 超长的无柱大空间；并采用振动分析控制连廊的振动频率和加速度，给人以如在园中漫步的舒适体验（图 4）。

图 4　中庭钢结构施工

3.4　环氧水磨石地面施工技术

一层大厅地面采用环氧水磨石地坪，面积约 7500m²，大厅采用现场研磨摊铺，利用绿色环保再生的透明玻璃、天然石材颗粒所筛选的骨料，配合绿色环保高分子环氧树脂经过现场摊铺研磨抛光而成，铜质分隔条设置距离超过 12m，整体地坪光洁平整、无裂缝（图 5）。

3.5　大面积超规格铝格栅挂板施工技术

本工程中庭吊顶采用铝格栅挂板，单块挂板尺寸为 3000mm×1650mm×100mm，共 1080 块，中庭最高处约 17m，因场地限制无法搭设满堂脚手架。通过方案比选将铝格栅挂

图 3　大跨度玻璃肋幕墙施工

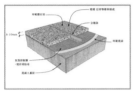

图 5　环氧水磨石地面施工

板的铝板及次龙骨在工厂拼装完成送至现场，现场采用曲臂车及升降平台将铝格栅挂板吊挂至主龙骨，实现高空无支撑安装施工（图6）。

图 6　大面积超规格铝格栅挂板施工

3.6　大分格玻璃面板运输安装技术

本工程幕墙采用框架式玻璃幕墙，最大尺寸5m×1.8m，重量约600kg，玻璃吊装是难点。通过自创的一种大分格玻璃面板的运输及安装设备，利用双轨道拖车，解决水平转运，再辅助使用电动葫芦解决竖向垂直起吊，配合安装，操作简便，提高安装效率，同时降低施工安全风险（图7）。

双轨道

图 7　大分格玻璃面板运输安装

3.7　木饰面空间折面单元式幕墙施工技术

本工程南立面、北立面采用天然模板拼接而成的木饰面幕墙，面积大约5200m²。抛弃了传统单一的平面，采用海浪型凹凸不平的造型。通过BIM参数化设计，开发了一套自动化设计、下单软件，将约8000块大小不一，形状各异的木纤维三角板通过计算自动生成板块模型、规格、编号，翻样工作量由一个月缩短到2d。在施工深化方面，采用了抱箍单元系统，将8000块面板在工厂组装成700个大单元、300个小单元，通过放样机器人将三维坐标投射到空间直接定位，单元式安装（图8）。

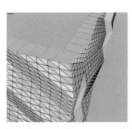

图 8　木饰面空间折面单元式幕墙施工

3.8　不规则空间多面体施工技术

本工程图书馆为不规则空间多面体结构，共呈现 18 个面，钢结构定位及玻璃幕墙分块安装是难点。通过三维激光扫描、点云模型、BIM 建模等多专业技术软件协同工作，为不规则结构的深化设计、空间定位、现场施工提供了完整数据。同时，通过建立精确的 BIM 数字模型信息进行设计和施工，提高工程设计和施工效率，实现精细化施工（图 9）。

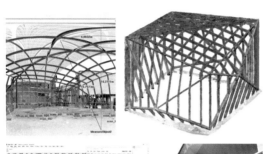
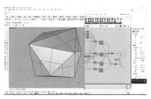

图 9　不规则空间多面体施工

4　工程创优管理

4.1　创优领导小组

创鲁班奖工程必须有强烈的精品意识，在创优领导工作小组的统一管理下，形成强有力的组织保证。针对工程的特点与难点，群策群力，集思广益，解决工程中的问题；定期召开质量分析会，掌握质量波动情况，利用现代科技手段，及时采取措施对策。

4.2　人员培训

对全体人员进行确保鲁班奖工程质量目标的培训。利用现代科技手段，采用新技术、新设备，这就必然要加强新技术应用、新设备使用、新材料性能及新工艺等方面的培训，以提高全员素质接受高标准挑战。

4.3　合作沟通

做好内接与外联工作，寻求社会各方的支持。做好与建设、勘察设计、监理、质监、分包、设备材料供应商等与工程相关单位的沟通，寻求他们的支持与帮助，共同确保鲁班奖；同时做好与规划、土地、环保、人防、消防、供电、供水、劳动、技监、档案等与工程有关单位的合作，为确保鲁班奖创造良好的外部环境。

5　新技术应用

本工程采用建筑业 10 项新技术中 9 大项 28 小项及江苏省 10 项新技术中的 7 大项 14 小项，通过了江苏省新技术应用示范工程验收，并达到"国内领先水平"。

6　工程质量情况

6.1　地基与基础工程

桩基设计采用预制混凝土桩，预制管桩总桩数 1169 根，直径 600mm。预制方桩总桩数为 558 根，边长为 400mm。

预制混凝土桩低应变检测，710 根，其中 I 类桩 695 根，占总检测数的 97.89%；无 III、IV 类桩。

静载试验（抗压），管桩 14 根，单桩抗压极限承载力实测值为 3200kN，方桩 8 根，单桩抗压极限承载力实测值为 2200kN，满足设计要求。

静载试验（抗拔），方桩 8 根，单桩竖向抗拔极限承载力实测值为 1000kN，满足设计要求。

本工程设置沉降观测点 88 个，累计最大沉降 12.32 mm，最近一次最大沉降速率 0.01mm/d，最后 100d 沉降速率最大处 0.003mm/d，小于 0.01~0.04mm/d，沉降已稳定。

地基与基础全部验收合格（图 10）。

图10 地基与基础验收

地下室防水等级二级，变电所及配电间一级，地下室筏板底面采用1.2厚高分子自粘胶膜预铺反贴防水卷材，外墙板迎水面采用2厚聚氨酯防水涂抹，地下室顶板面采用2厚聚氨酯防水涂抹+1.2厚氯乙烯PVC防水（耐根穿刺），施工过程中细部处理规范，至今无渗漏现象（图11）。

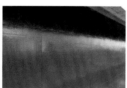

图11 地下室防水细部

6.2 主体结构工程

本工程混凝土结构内坚外美，棱角方正，构件尺寸准确，偏差±3mm以内，轴线位置偏差4mm以内，表面平整清洁，平整偏差4mm以内。墙体采用ALC蒸压砂加气混凝土砌块，砌体工程施工中，严格按标准砌筑及验收。混凝土标养试块825组；同条件试块140组，评定结果全部合格。检测钢筋原材料6637.71t，复试组数430组，复试结果全部合格；直螺纹机械接头试验组数224组，检测结果全部合格。结构保护层厚度检测合格（图12）。

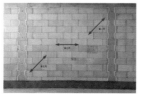

图12 主体结构

2900t钢结构构件加工精度高，现场安装一次成优。1600m焊缝饱满，波纹顺直，焊缝超声波检测，合格率100%。22000只高强螺栓连接摩擦面抗滑移系数复验结果满足设计和规范要求。防火及防腐涂料涂刷均匀（图13）。

图13 现场图片

6.3 建筑装饰装修工程

工程外幕墙主要由背栓式花岗岩石材幕墙系统、玻璃肋驳接玻璃幕墙系统、明框错缝玻璃幕墙系统、木饰面空间折面式幕墙系统等10个系统组成。

幕墙面积约64000m²，安装精确，连接件、紧固件安装牢固。幕墙四性检测符合规范及设计要求（图14）。

图14 工程外幕墙

25000m²铝板、木饰面、玻璃等面层装饰，内墙乳胶、肌理漆涂刷均匀；铝板墙面表面垂直平整，阴阳角方正，接缝顺直，缝宽均匀（图15）。

图 15　墙面

30000m² 地砖地面、实木地板、运动地板等拼缝严密、纹理顺畅、收边考究。地胶地面平整服帖（图 16）。

图 16　地面

21000m² 石膏板吊顶、矿棉板吊顶、铝格栅吊顶等接缝严密，灯具、烟感、喷淋头、风口等位置合理、美观，成行成线，与饰面板交接吻合、严密（图 17）。

图 17　吊顶

6.4　屋面工程

屋面防水层采用 1.5 厚聚氨酯防水涂膜 +1.5 厚 PVC 防水卷材，种植屋面采用 4 厚 SBS 耐根穿刺防水卷材。防水及保温节点规范细腻，防水工程完工后经闭水试验，使用至今无渗漏。

屋面面层采用铝镁锰板屋面、地砖屋面、种植屋面、涂料屋面等多种形式，坡度正确、排水通畅（图 18）。

图 18　屋面

6.5　给水排水工程

140000m 管道排列整齐，支架设置合理，安装牢固。给水管道试压、排水管道灌水一次合格。水泵布置、安装规范，泵组托架安装牢固，部件标高，减震设置合理（图 19）。

图 19　水泵布置

6.6　通风与空调工程

32500m 风管制作工艺统一，风管连接牢固、接口严密，空调水系统管线布局合理，支架牢固可靠，系统运行平稳（图 20）。

图 20　通风与空调布置

6.7　建筑电气工程

13500m 电缆、桥架安装横平竖直；防雷接地规范可靠，电阻测试符合设计及规范要求；箱、柜接线正确、线路绑扎整齐；开关、插座接线正确、标高一致，灯具安装牢固可靠，运行正常（图 21）。

图 21　建筑电气工程

6.8　智能化建筑工程

17 种智能化子系统多重安全方案，高效数据管理，设备安装整齐，维护和管理便捷，布线、跳线连接稳固，线缆标号清晰，编写正确；系统测试合格，运行良好（图 22）。

图 22　智能化建筑工程

6.9　节能工程

本工程保温层采用岩棉保温板、保温带及挤塑聚苯板。玻璃外窗采用铝合金普通双层玻璃（6 Low–E+12A+6），机电管道采用玻璃棉板及橡塑保温。材料各项检测合格，并通过节能验收（图 23）。

图 23　节能工程

6.10　电梯工程

本工程共设置 14 台直梯（其中 13 台客梯，1 台货梯），4 台扶梯。电梯前厅简洁大方；扶梯设计合理，运行平稳、安全可靠（图 24）。

图 24　电梯工程

7　工程特色及亮点

（1）屋面造型呈现了新苏式坡屋面形态，铝镁锰板铺设平整（图 25）。

图 25　屋面造型

（2）穿孔铝板装饰柱幕墙，错落有致，遮阳效果好（图 26）。

图 26　穿孔铝板装饰柱幕墙

（3）斜向玻璃幕墙与斜向石材幕墙，造型新颖，不同材料间连接紧密（图 27）。

图 27　斜向玻璃幕墙与斜向石材幕墙

（4）木饰面装饰幕墙色泽一致，缝道均匀，凹凸造型别具一格（图 28）。

图 28　木饰面装饰幕墙

（5）多面体玻璃盒子线条分明，玻璃间胶缝饱满（图 29）。

图 29　多面体玻璃盒子

（6）中庭云廊 GRG 斜面造型栏杆，面层平整、无裂缝（图 30）。

图 30　中庭云廊 GRG 斜面造型栏杆

（7）现浇水磨石地坪平整无裂缝，预制水磨石踏步安装牢固（图 31）。

图 31　现浇水磨石地坪、踏步

（8）剧场全木饰面装饰，美观大气。座椅通风、提升舒适体验（图 32）。

图 32　剧场全木饰面

（9）羽毛球馆、游泳馆等采用地板对流空调 + 新风的方式，在保证场馆舒适度的同时又解决了风对运动的影响（图 33）。

图 33　羽毛球馆、游泳馆地板对流空调 + 新风

（10）全专业 BIM 深化设计综合运用，碰撞检查 7735 处，优化图纸 171 处，确保工程施工精度（图 34）。

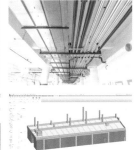
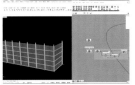

图 34　全专业 BIM 深化设计

（11）地下室一次性成型环氧地坪涂抹均匀、平整无裂缝（图 35）。

图 35　一次性成型环氧地坪

（12）屋面地砖分色套割、坡向准确，虹吸雨水斗精准美观（图 36）。

图 36　屋面地砖

（13）卫生间墙、地对缝排版，洁具安装，居中对称（图 37）。

图 37　卫生间

（14）消防泵房布局合理，管道油漆分色清晰，设备运行稳定（图 38）。

图 38　消防泵房

（15）机房设备减震设置合理，阀杆套管保护，阀门开启状态清晰可见（图 39）。

图 39　机房设备

（16）机房给水管道 PVC 保护壳分色处理，工艺精良（图 40）。

图 40　机房给水管道

（17）管道、桥架立体分层，标识清晰（图 41）。

图 41　管道、桥架

（18）各类管道封堵装饰圈美观、实用（图 42）。

图 42　管道封堵

（19）箱、柜接线正确，标识标牌安装到位（图 43）。

图 43　箱、柜接线

（20）管道支架安装牢固，花型支墩造型优雅，美观实用（图44）。

图 44　管道支架

8　建筑节能运用

在建筑节能方面，设计开始就充分考虑到建筑运营的节能要求，采用多项绿色建筑技术，有效地降低了能耗，获得二星级绿色建筑设计标识。

8.1　节能设备运用

（1）142块太阳能集热板及72块光伏发电板为室内提供热能及电能，降低用电量和二氧化碳排放量。

（2）水泵房采用水泵变频控制技术，利用供回水总管上的水利平衡调节阀控制变频水泵，以满足负荷侧的流量变化要求和达到节能的目的。

（3）新风系统根据室内二氧化碳浓度自动调整新风量。

（4）地下室动态节流仪实时监测地下室一氧化碳浓度。

（5）AHU空气处理机组过滤空气中的粉尘、烟尘、有机粒子等有害物质。

（6）中央空调综合管理节能控制系统采集空调设备数据、能耗统计、故障诊断，进行设备优化控制。

8.2　节能材料运用

运用成品支架、Low-E中空玻璃等绿色节能材料（图45）。

图 45　绿色节能材料

9　工程获奖情况

工程获得江苏省优秀勘察设计、二星级绿色建筑设计标识、江苏省建筑施工标准化星级工地（三星）、全国建设工程项目施工安全生产标准化工地、江苏省扬子杯工程、江苏省建筑业新技术应用示范工程、江苏省建筑业绿色施工示范工程、江苏省工人先锋号、省级建筑产业现代化示范项目8项BIM应用奖、2项软件著作权、3项省级QC成果、7篇优秀论文、2项省级工法、6项国家专利。

（汤烨　圣洋洋　王胤韬）

4. 苏州第二图书馆 ——苏州第一建筑集团有限公司

1 工程简介

苏州第二图书馆工程占地面积23393m²，建筑面积45609m²。地上6层、地下-1层，其中地上建筑面积36065m²，地下建筑面积9544m²，建筑高度34.35m。

建设单位：苏州图书馆

代建单位：苏州建设（集团）有限责任公司

监理单位：苏州中润建设管理咨询有限公司

勘察单位：江苏苏州地质工程勘察院

设计单位：德国GMP国际建筑设计有限公司

东南大学建筑设计研究院有限公司

施工总承包单位：苏州第一建筑集团有限公司

参建单位：苏州洪鑫机电设备安装工程有限公司

苏州广林建设有限责任公司

设计灵感来源于一摞旋转叠放的纸张和书籍，与蓝天碧水一起组成全新的苏州城市文化地标。基础形式为预制桩筏板，主体采用了内混凝土框架、外大倾角圆管柱钢框架组合结构。主要功能为公共图书馆服务、文献存储集散、配套服务、高端信息服务新平台（图1）。拥有全国首家立体分拣大型智能书库，还是全国古籍重点保护单位。

建馆以来，通过大型公共阅读空间、少儿馆、设计馆、苏州文学馆、古籍阅览室、盲文阅览室等多方位满足各类人群多层次、多元

图1 工程实景图

化、个性化的文化需求，打造文化消费的新亮点。馆内报告厅已举办大型学术报告140场次，日均接待人数达1200人次，节假日高峰达1.8万人次，极大地丰富了群众的业余文化生活。

2 工程创优管理措施

（1）建立了以建设单位为核心，设计、施工、监理等各方全面参与的质量管理体系。公司成立了创"鲁班奖"领导小组，组建了专业齐全、精干高效的项目管理班子。

（2）全面履行总承包职责，加强对专业分包、供应商及各专业队伍的管理协调，层层签订责任书，将劳务分包、专业分包、材料供应商均纳入工程创优体系。

（3）严格实施样板先行制度，样板通过创优领导小组验收合格后再进行大面积施工，确保一次成优。

（4）强化施工方案和技术交底的管理。针对钢结构、混凝土、机电安装、装饰装修等重

要分部分项，施工前编制专项方案，经批准后进行现场交底。超过一定规模的危险性较大分部分项工程专项方案进行了专家论证，确保了施工质量和安全。

（5）通过引进BIM等先进技术，优化管线设计，减少管线碰撞，进行可视化技术交底来攻克技术难关，提升工程质量。

（6）关键部位设置了质量控制点，工序严格把关，对质量通病重点防治，确保工程结构安全和使用功能。

（7）坚持事前预控、过程监控和事后验控的动态管理，对影响工程质量的各项因素进行全面的分析和监管，确保质量管理受控有序。

（8）开展质量管理技术攻关活动。QC小组针对"扭曲立面木质纹理清水混凝土幕墙施工"开展活动，解决了技术难题，达到了较好的质量效果。

3 工程主要特点、难点

3.1 大倾角钢框架组合结构

本工程沿建筑物外围设计有34根直径600~700mm不同倾角的圆管柱，圆柱呈空间双斜向布置，最大倾斜角度约37°，单根最大垂直高度近38.4m。并配以纵横向钢梁拉结于内部混凝土结构。平面布局不规则，倾斜造型复杂，钢结构安装困难。

对策：

利用专业设计软件，将混凝土结构模型与钢结构模型整合，通过构件受力分析，虚拟化施工，规划出合理的施工方法（图2）。采用无支托施工吊装，确定了钢结构从西侧连廊开始安装，根据圆管柱倾角大小，由小至大，由下至上顺序安装。全站仪全程分点定位，大吨位吊装设备分区分块分层吊装。实现了各构件的精准就位。

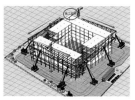

图2 BIM模型、虚拟施工模型

3.2 扭曲立面清水混凝土幕墙

本工程北楼1~3层设计为扭曲立面木质纹理清水混凝土幕墙，每层高度5.7m，总面积约为4500m²，扭曲立面同层不设施工缝，一次浇筑完成，成型后木质饰面需凹凸有致、纹理清晰可见。

对策：

依托劳模创新工作室组织QC攻关，利用样板先行，选择模板面模；通过BIM建模模拟施工，确定门窗洞口、钢结构骨架关系，合理安排工序衔接；优化清水混凝土幕墙支模体系、采用导管引流、严格控制混凝土浇筑振捣工艺，覆毯养护，完美体现凹凸木纹设计质感（图3）。

图3 BIM模型、木纹底模及诱导缝

3.3 弯扭曲面玻璃幕墙与条状遮阳铝板系统

本工程外立面幕墙为横明竖隐弯扭曲面玻璃幕墙，整个外围幕墙造型呈双弯扭曲状，幕墙外侧采用铝板装饰百叶整体贯通。外部造型复杂、线条多，施工难度大。

对策：

项目部通过参数化建模，数字化生产，装配化施工，完美实现了异形空间的复杂造型，确保遮阳百叶线条通顺流畅（图4）。

图4 玻璃幕墙 BIM 建模、现场施工

3.4 多专业衔接和立体交叉施工

本工程涉及专业多，涵盖了土建、钢结构、机电安装、幕墙、装饰、智能化等众多专业，专业间衔接和立体交叉部位处理难度大，容易出现碰撞、走向不合理等情况。

对策：

专门设立项目 BIM 工作室，将土建、机电、钢结构、幕墙、装饰等专业模型集成，实现全工种、全专业统筹规划和深化设计，在实际应用中较好地解决了施工碰撞、管线综合、工序衔接等问题（图5、图6）。

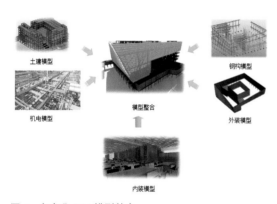

图5 多专业 BIM 模型整合

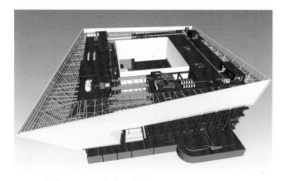

图6 各专业 BIM 模型整合效果

3.5 智能化书库

本工程是国内首个文献存储高密集型智能化书库，藏书 700 万册，立体库架高 14.4m，智能书库书架部位对地面承载力和平整度要求极高，其中埋件整体平整度偏差仅允许 ±3mm，管线安装偏差仅 ±2mm。

对策：

项目部通过在施工时全程水平仪跟测，加密埋件固定措施，减少施工扰动；施工完成后对埋件底部采用环氧树脂二次压密注浆，以解决因混凝土收缩形成的空腔填补，提高埋件底部密实度。最终通过精准测量，优化管线设备布局，保证了安装精度，智能书库系统一次调试成功并交付使用（图7）。

图7 智能书库预埋件安装、书库成型效果

3.6 古典木结构装配式施工

文学馆，展陈设计师为营造一种自然诗意的美妙意境，综合运用借景、对景、框景等设计手段。以古典园林中的回廊将各朝代的展陈串联起来，以古典风为主基调。大量的古建木结构和中式花窗、家具的施工难度较大。

对策：

充分掌握设计意图，根据《营造法原》（姚承祖著，中国建筑工业出版社出版）进行古建图纸深化，聘请专业的古建施工队伍，在工厂进行原木的加工、构件的制作，现场直接拼装（图8）。

3.7 智能书库内机电管线安装精度高、高空作业量大

本工程智能书库为高层密集架，书架之间

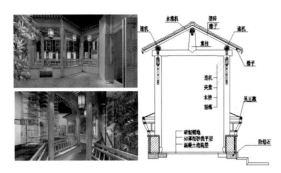

图 8　木结构装配式施工图纸及成型效果

的通道安装有自动机械存取书设备，最高书架高度为 14.4m。配套设置的通风、排烟、高压细水雾系统、空气采样等装置最大安装高度为 18m。管线还需要避开机械取书设备，安装精度要求非常高。书库设备厂家对机电管线的定位精度要求控制在 2mm 内。

对策：

项目部对高压细水雾系统等进行深化设计，与智能书库厂家提出合理化建议，调整书架排布，预留管线安装空间。使用放样机器人对书库书架及安装管线的水平度、垂直度进行测量、矫正，以满足安装精度的需求（图 9）。

图 9　智能书库书架及管线安装精度核校

3.8　共享空间镂空水墨画卷格栅施工

共享空间山水中庭是本工程的一大亮点，但将其完美展现也是本工程的一大难点，整幅墙面高大垂直，要在保持整体平整镂空的情况下，将园林元素通过局部点、线、面的细节处理展现出来具有很高的难度。

对策：

通过软件设计、排版、效果渲染，对固定、拼接等细部节点再细化，方案比较优选，工厂

整体加工定位编号，带线安装，整体刻画出一副苏式园林楼阁的效果，为整个空间增添了一份宁静、悠远的气息（图 10）。

图 10　镂空水墨画卷格栅实景

4　新技术应用与技术创新

本工程应用了住房和城乡建设部 10 项新技术中的 9 大项 21 小项，江苏省级新技术中的 5 大项 9 小项，创新技术 5 项，专利 7 项，取得了良好的成果和综合效益。本工程还运用 5 项自主创新技术及 BIM 技术应用。

4.1　现浇扭曲立面木纹清水混凝土幕墙施工技术

扭曲立面清水混凝土幕墙采用"钢结构悬挂体系"安装定位，辅以 BIM 技术建模，解决扭曲立面精确成型，提高了构件下料的精度，有效降低材料损耗。使用基层模板与饰面模板相结合的工艺，既保证了幕墙饰面各种纹理的要求，同时又提高了模板体系的刚度，确保了幕墙平面的扭曲度。设置隐藏式诱导缝、延长拆模时间、保湿养护等方式解决大面积清水混凝土幕墙成型易收缩开裂的质量难点（图 11、图 12）。

图 11　清水混凝土幕墙技术攻关

图 12　清水混凝土幕墙实景图

4.2　多维扭转结构无支托施工技术

多维扭转钢结构在下部安装形成稳定节间后再向上逐层进行安装,减少了构件高空拼接引起的安装误差。通过增加倾斜柱的水平连接,增加了体系的刚度和钢结构的体型系数,杜绝结构变形缺陷导致的钢结构内应力增加。通过分层分段法的多维扭转结构无支托安装技术的实施,有效地降低了施工过程中的安全风险,施工进度也随之加快(图13、图14)。

图 13　分层安装现场、建筑角部合拢

图 14　已完成的多维扭转结构

4.3　设备管道绝热结构彩色复合外护壳施工技术

彩色复合外护壳材料性能稳定,耐酸碱、抗腐蚀、抗雾霾、防潮防霉、无缝隙、可冲洗。由于其材质的特性,完全适用各类场所(图15)。相较于金属材料,其具有很强的韧性,抗踩压、抗撞击,持续保持系统整洁的外观形态。使用胶粘剂代替金属焊接、铆接,减少空隙,降低绝热结构与外界的空气流通,以合成材料的自攻螺杆代替金属的自攻螺杆进行加固,杜绝热桥的产生。连接方式及施工工艺简单、安装便利。

图 15　彩色复合外护壳应用

4.4　自动分拣智能立体书库安装技术

大型智能化立体书库系统,通过物联网技术与智能机器人技术等融合,可实现书籍高效率低误差的无人分拣、入库、流通调配工作,同时在自动化存取系统、流通分拣等技术帮助下，读者可通过扫脸、扫码，自助完成办证、找书、借还；同时还改变了传统书架式藏书占地多、流通率低的状况，激活了海量藏书资源。与传统的书架式藏书模式相比，只需要占用 1/10 的空间，建设、维护成本也远低于过去（图 16）。

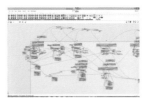
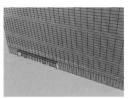

图 17　幕墙参数化应用

图 16　智能书库

5　BIM 技术应用

5.1　图纸梳理及变更

通过土建与机电 BIM 模型的相互印证，及时发现图纸存在的问题，以提疑的方式，及时与设计部门联系解决，做好图纸变更，并向项目部管理人员反馈，服务现场施工。根据设计变更，实时调整模型，保证模型与变更及现场的同步性。

5.2　碰撞检查

通过土建、机电、钢结构及外装模型整合，提前发现问题，并及时向设计院反馈，解决了结构设计缺陷，保证了后期施工质量。

5.3　模型整合

本工程钢结构节点复杂、施工难度大，利用 BIM 技术的可视化进行技术交底，同时也有利于总包进行整体把控。

5.4　幕墙参数化应用

确保曲率参数的精确是弯扭曲面幕墙成败的关键，通过 BIM 三维模型提取各立面面板曲率，实现 BIM 技术参数化应用，保证复杂曲面各构件空间尺寸和定位，提高加工和施工精度，保证了异形空间成型质量（图 17）。

5.5　BIM 在清水混凝土幕墙施工中的运用

本工程清水混凝土幕墙为扭曲立面木质纹理，体量大、高度高是现场施工的难点之一，利用 BIM 技术进行三维设计，门窗预留洞位置在模型中确定，并与钢结构骨架进行碰撞、校核，为后续工作打好基础（图 18）。通过整合后的三维模型，对钢结构、土建的木工、钢筋工、瓦工进行可视化交底，确保清水混凝土幕墙一次成优。

图 18　BIM 模型及实景图

6 质量特色和亮点

（1）混凝土结构内实外光，截面尺寸准确；梁柱接头方正，棱角顺直（图19）；

图19　混凝土成型

（2）钢结构大倾角圆管柱处节点，安装牢固可靠，工艺精良（图20）；

（3）地下室环氧地坪整洁无色差，机械车位整齐统一（图21）；

图20　钢结构大倾角圆　图21　地下室环氧地坪
管柱

（4）文学馆，木结构亭台楼榭，古朴典雅，历史气息浓郁（图22）；

图22　文学馆木结构

（5）共享空间水墨江南画卷格栅，安装牢固，颜色均匀，线条整齐，简洁典雅（图23）；

（6）卫生间墙地砖三维对缝；排水通畅；洁具居中对称（图24）；

（7）阅读楼梯，踏步高度一致，地板拼缝顺直，侧墙书架牢靠，扶手栏杆整齐（图25）；

图23　共享空间　图24　卫生间

（8）学术报告厅，隔声墙安装牢固整齐，座椅成排成线，地毯平整顺直，灯具整齐划一（图26）；

图25　阅读楼梯　　　　图26　学术报告厅

（9）高空间大面积格栅线条顺畅，灯具、喷淋、风口等排布美观（图27）；

（10）扭曲立面木纹清水混凝幕墙，同层不设缝，一次浇筑成型，完美体现凹凸木纹设计质感（图28）；

图27　高空间大面积格栅　图28　扭曲立面木纹清水混
凝幕墙

（11）设备排布整齐，安装牢固，运行平稳，金属构件可靠接地（图29）；

（12）消防泵排布整齐，压力表朝向一致，设备减震措施到位，金属构件接地可靠，管道标识清晰（图30）；

（13）保温管道采用PVC彩壳保温，系统分色、美观大方（图31）；

图 29　设备排布

图 30　消防泵房

图 33　配电室

图 34　智能立体书库

图 31　管道保温

（14）地源热泵房，空气采样主机排列整齐，走道内综合管线，共用支架、三层布置、层次清晰、受力可靠（图 32）；

图 32　地源热泵房

（15）配电柜排列整齐，柜内配线整齐，接线准确，标识（图 33）；

（16）全国首创的自动分拣智能立体书库，地坪平整，超高货架排布整齐，安装牢固，系统运行智能精准（图 34）；

7　工程获奖情况

（1）2021 年度鲁班奖；

（2）2020 年度中国安装之星；

（3）2020 年第十四届中国钢结构金奖；

（4）《一种通风管道用的软接头组件》等七项国家新型专利；

（5）2017 年中国工程建设 BIM 应用优秀成果奖；2017 年中国建设工程 BIM 大赛卓越工程项目二等奖；

（6）2020 年中国建筑业协会工程建设质量管理小组活动成果大赛 II 类成果；

（7）2018 年全国建设工程项目施工安全生产标准化工地；

（8）首届钢结构行业数字建筑及 BIM 应用大赛优秀奖；

（9）2019 年物联之星最有影响力成功应用奖；

（10）全国 2020 年度影响力图书馆称号；

（11）江苏省优质工程奖"扬子杯"；

（12）江苏省优秀勘察设计一等奖；

（13）江苏省省级工法一项；江苏省优秀论文一等奖 1 篇、二等奖两篇以及三等奖 3 篇；

（14）江苏省新技术应用示范工程；

（15）江苏省建筑业绿色施工示范工程。

（周懿斌、马大伟、吴犟）

5. 常州市轨道交通工程控制中心及综合管理用房
——江苏武进建工集团有限公司

1 工程基本情况

1.1 工程简介

常州市轨道交通工程控制中心及综合管理用房项目作为常州轨道交通的重要枢纽，保障地铁运营管理控制和交通安全，肩负促进常州城市转型的时代使命，是一座集行政管理和运营指挥为一体的现代化智能大厦（图1）。

项目由控制中心、综合管理用房、下沉广场组成；主要功能为常州市轨道交通控制枢纽、办公用房及配套便民设施；整体功能合理、做工精细，是常州市地标性建筑。

总建筑面积 101510.54m²，地下 –3 层，管理用房 24 层框架核心筒结构；控制中心 9 层，框架剪力墙结构；建筑总高度综合管理用房 99.5m/ 控制中心 44.7m；设计使用年限综合管理用房 50 年 / 控制中心 100 年。

1.2 建设责任主体

建设单位：常州市轨道交通发展有限公司

设计单位：江苏筑森设计股份有限公司

勘察单位：中铁第四勘察设计院集团有限公司

监理单位：浙江江南工程管理股份有限公司

北京赛瑞斯国际工程咨询有限公司

质量监督单位：常州市建设工程管理中心

总承包单位：江苏武进建工集团有限公司

参建单位：江苏鑫洋装饰工程有限公司

江苏武进星辰装饰有限公司

江苏华淳建设工程有限公司

2 工程设计的先进性、设计特点

2.1 设计总体构想

结合地形，在考虑跟周边城市总体布置上，满足各功能建筑的使用需要，符合规划要求。在有限的用地条件下，将该主体办公楼的主要出入口布置在中吴大道一侧，结合城市绿化带，形成了一个功能与环境完美结合的室外集散广场，解决了场地内部用地紧张的局面，建筑体量从东侧向西侧逐步升起。一个下沉广场布置在基地东北角，承担茶山站人流的引导功能，为市民提供一个愉悦的公共场所。裙房1、2层设置部分架空空间和天井，这一有机的形态组合同时营造了良好的室外气候环境（图2）。

图1 项目图片1

图2 项目图片2

2.2 外立面设计

建筑立面设计沉稳简洁，融合城市条形码的概念，意寓了轨道交通的速度感、便捷性和深入市民生活的密切度。塔楼通过形体的切割以及竖向肌理线条使得建筑形象更加挺拔；轨道交通控制中心底层创造了适度的开放性空间，使建筑具有了更多公共和开放性的空间，立面上通过彩釉玻璃、磨砂玻璃及高透玻璃的搭配体现建筑的科技感、时尚感，8、9层向东侧广场悬挑，形成城市的窗口，并带来视觉冲击力，也预示了其特殊的建筑功能。该项目通过建筑细部精细化立面设计、夜景赋予动感的建筑照明设计，力求打造具有时代感、科技感、标志性的建筑。目前已获 2020 年度江苏省优秀工程设计二等奖（图 3）。

图 3　项目及获奖图片

3 工程特点、施工难点与技术创新

3.1 工程特点、难点

（1）东北侧地下预留连接通道，主动与轨道交通 1 号线接驳，通过下沉式广场与 1 号线茶山站连接，实现了狭小空间建筑物的无缝对接。

（2）工程地处常州市中心以南，属于典型的软土地基，地质复杂、水位高，基坑最深处达 19.8m，紧邻常州地铁 1 号线，且东、北侧均为主干道，周边管线众多，基坑支护施工难度大。

（3）1 层大厅、21 层报告厅、23 层羽毛球馆采用高支模技术，最高支撑达 12.8m，主体施工难度大。

（4）控制中心 8 层调度大厅屋面为网架结构，直径 45.6m，钢结构深化设计工作量大，工期紧，钢网架施工跨度大，精度要求高，施工难度大，施工质量要求高。

（5）控制中心结构面最大悬挑长度达 3.5m，高空作业结合支撑施工难度高。

（6）控制中心西北角 V 形清水柱高度 10.8m，模板支撑难度大，一次性对称浇筑，清水效果要求高。

（7）外立面均采用构件式幕墙，安装高度达 102.5m，幕墙加工安装、节点处理、防水施工难度大；其标高及排版要求统一，给幕墙的排版、安装带来很大的难度。

（8）室内装修要求高，涉及 97 种材料、65 种工艺做法。装饰造型复杂，节点构造实现困难，如何在装饰工程中精细化策划与优化设计也将是本工程的重大考验之一。

（9）屋面设备多，基础多，设备安装及设备基础细部处理要求高，难度大。

（10）工程涉及专业众多，专业设计及施工协调量大，施工要求高，管线敷设复杂，智能化程度高，系统调试难度大。

3.2 新技术应用情况

本工程共推广应用了住房和城乡建设部建筑业 10 项新技术中的 9 大项 19 个子项；荣获江苏省新技术应用示范工程，新技术应用水平达国内领先（表 1）。

4 建设过程的质量管理

（1）工程开工伊始，就确定了"鲁班奖"的质量目标，为了确保项目创优目标的实现，依据公司的质量管理制度、体系，在主要分部分项工程的质量保证措施上进行了精心的策划。根据日常"三控制二管理一协调"的管理手段，现场建立以总承包为主体，其余责任主

新技术应用一览表

表1

序号	新技术项目名称		应用部位	应用量
1	1. 地基基础和地下空间工程技术	1.6 复合土钉墙支护技术	整个基坑侧面	8000m²
2	2. 混凝土技术	2.5 纤维混凝土	地下室底板、外墙、水池、顶板	44000m³
3		2.6 混凝土裂缝控制技术	地下室	44000m³
4	3. 钢筋及预应力技术	3.1 高强钢筋应用技术	基础、主体结构	10000t
5		3.3 大直径钢筋直螺纹连接	直径≥16mm 的钢筋	115000 个
6	4. 模板及脚手架技术	4.1 清水混凝土模板技术	管理用房一层大厅墙面 控制中心 Y 形柱	170m³
7	6. 机电安装工程技术	6.1 综合管线布置技术	地下车库系统	水、电安装系统工程
8		6.2 金属薄壁钢板法兰连接技术	通风系统工程	6300m
9		6.6 金属矩形风管薄壁钢板法兰连接技术	太阳能热水系统	350m
10		6.9 预分支电缆施工技术	开关室至管理用房各楼层公共照明电缆	260m
11	7. 绿色施工技术	7.1 基坑施工封闭降水技术	整个基坑	17000m²
12		7.2 施工过程水回收利用技术	施工全过程	11000t
13		7.3 预拌砂浆技术	墙体砌筑、粉刷	5000m³
14	8. 防水技术	8.7 聚氨酯防水涂料施工技术	地下室外墙及屋面	12000m²
15	9. 抗震加固与监测技术	9.7 深基坑施工监测技术	整个基坑	一套
16	10. 信息化应用技术	10.1 虚拟仿真施工技术	基础、主体、装修阶段方案优化及施工管理	施工全过程
17		10.3 施工现场远程监控管理及工程远程验收技术	基础、主体、装修施工阶段	施工全过程
18		10.4 工程量自动计算技术	基础、主体、装修阶段工程量计算	施工全过程
19		10.8 塔式起重机安装监控管理系统应用技术	基础、主体、装修阶段塔式起重机安全监控管理	施工全过程

（注：序号7~19左侧合并列为"住房和城乡建设部"）

体全员参与的质量管理保证体系，以此保证质量管理工作的系统性、规范性、安全性。

（2）完善健全的管理体系：建立了以建设单位为核心，依托总承包单位实现过程管理的"五方"质量管理和保证体系，制定各项管理制度，逐级签订责任书，分解创优目标。

（3）精心策划，从对鲁班奖的认识、创优组织、各分部分项工程细部做法、验收标准等多方面阐述，抓住重点、难点，突出亮点。推行细部节点标准化的精益施工管理，坚持"样板引路、过程控制、统一标准、统一做法、精工细作、一次成优"（图4）。

（4）坚持"联合会审、专业隐蔽、联合验收"的工作制度，实现过程精品。

图4 现场图片

（5）优选施工队伍。坚持多方考察，按照"优质优价、确保创优"的原则，签订劳务及专业分包合同，优先选择技术过硬，素质较好施工队伍。

（6）以过程控制为重点，创亮点、精品节点，确保实体工程质量。从工序自检管理、工序标识管理、工序验收管理、工序交接管理四个环节严控，主要工序的转序都以交接单确认，现场挂牌，"谁检查、谁签字、谁负责"。

（7）应用质量 VR 可视化技术交底，确保交底内容与现场实际情况相互一致。

5　工程实体质量亮点特色

亮点 1：控制中心结构按百年设计，混凝土原材料氯离子检测全部合格，结构安全可靠，满足使用年限要求。

亮点 2：下沉式广场承担了茶山站人流的引导功能，不仅为市民提供了愉悦的公共场所，还丰富了城市空间（图 5）。

图 5　混凝土结构、下沉式广场

亮点 3：V 形清水混凝土柱截面 1000×1100mm，柱斜长 11m，倾斜角 22°，对称一次浇筑，成型内实外光，棱角顺直、节点方正，色泽一致，清水效果佳。

亮点 4：3.6 万 m² 构件式幕墙，构造规范、安装牢固、胶缝饱满（图 6）。

亮点 5：45.6m 跨度控制中心钢网架屋面，制作与安装质量优良，螺栓球连接可靠，探伤合格率 100%。

图 6　V 形清水混凝土柱、幕墙

亮点 6：控制中心 8 层调度大厅高 10.05m，1600m² 铝板花瓣分格均匀，造型新颖，美观大气，宽敞明亮，层次感强（图 7）。

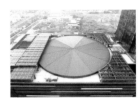
图 7　层面、调度大厅

亮点 7：应急指挥室双曲面锥形光电玻璃，通电时雾化、隐秘，断电时通透、便于观察，光学效果满足使用要求。

亮点 8：3.05 万 m² 办公用房布局合理，装修简洁，节点处理细腻（图 8）。

图 8　应急指挥室、办公用房

亮点 9：大厅美观大气，宽敞明亮，装修新颖别致，绿植墙面生态环保。

亮点 10：850m² 大会议室策划在先，顶、地、墙相互对应，装饰一次成优（图 9）。

图 9　大厅、大会议室

亮点 11：走廊吊顶造型新颖，所有的末端设备均居中布置，成行成线。

亮点 12：1.3 万 m² 地面石材，表面平整，排版合理，色泽一致，无变形、无打磨痕迹（图 10）。

图 10　吊顶、地面

亮点 13：86 间卫生间经精心策划，阴阳角方正，套割精细，整体排布美观。

亮点 14：楼梯间踏步高、宽一致，扶手高度满足规范要求，楼梯踢脚线出墙厚度一致，滴水线做工细腻，顺直美观（图 11）。

图 11　卫生间、楼梯间

亮点 15：21000m² 地下车库地面平整，无裂缝；采用环氧地面，耐磨、阻燃、不起尘（图 12）。

亮点 16：2580m² 屋面采用防滑砖饰面，分格缝间距布置合理，出屋面设备基座细部处理精细，整个屋面坡度正确，排水通畅，无积水，无渗漏（图 13）。

亮点 17：给水排水管道安装整齐、立体分层排列有序，标识醒目，试压一次成功（图 14）。

图 14　管道

亮点 18：消防泵房布局统一，系统运行平稳，油漆色泽均匀；湿式报警阀组及相关配件位置、朝向、间距均一致（图 15）。

图 15　泵房、报警阀组

亮点 19：535 只消火栓安装牢固，标识醒目，箱内组配件齐全；室外消火栓保温严密美观。

亮点 20：312 个管道井排列有序、防火封堵严密、明暗一致（图 16）。

图 16　管道井

图 12　地库地面　　图 13　屋面

亮点21：管道支、吊架设置通过受力计算，制作、安装均通过策划，成型后横成线、竖成行、斜成列；所有的末端装置均在一直线上。

亮点22：冷热水管道铝板保护壳紧贴保温层，搭接缝宽一致，整体美观（图17）。

图17　支、吊架，冷热水管

亮点23：变电室布局合理，配电柜排列整齐，气体灭火设置规范，主接地干线顺直牢固（图18）。

图18　变电室

亮点24：2310只配电箱、柜排列整齐，接地可靠，配线整齐，标识清晰。

亮点25：电缆桥架、封闭母线安装横平竖直、牢固，跨接规范、美观（图19）。

图19　配电箱、封闭母线

亮点26：避雷带敷设顺直、引下线标识醒目；室外防雷测试点安装平整（图20）。

图20　避雷带、防雷测试点

亮点27：风管接口严密，支架合理，穿越防火墙的保护措施规范，柔性连接规范。

亮点28：智能建筑整洁美观，线路规整，系统运行稳定，视频监控图像清晰（图21）。

图21　风管、监控

亮点29：弱电机房机柜排列整齐，线缆敷设顺直，可视化静电地板铺设平整，美观耐用（图22）。

图22　弱电机房

亮点30：3台自动扶梯运行稳定，20台曳引式电梯平层准确（图23）。

图23　电梯

亮点31：室内外无障碍设施一应俱全（图24）。

图24　无障碍设施

亮点 32：采用太阳能集热器、智能照明、节能灯膜、雨水回收等一系列节能技术，完美诠释绿色生态建筑的理念（图 25）。

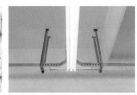

图 25 绿色生态建筑

6 绿色施工情况

在本工程施工过程中，通过科学管理和技术进步，最大限度地节约资源，减少对环境负面影响。过程中运用了定型化工具、扬尘控制、雨水收集、木方接长、工厂加工、土壤保护

图 26 绿色施工

等 21 项绿色施工措施，实现了"四节一环保"的施工活动，实施效果明显（图 26）。

7 获奖情况及综合效益

7.1 获奖情况

本工程先后获得了江苏省"扬子杯"优质工程奖、中国建设工程"鲁班奖"、江苏省新技术应用示范工程、江苏省建筑标准化施工文明工地、江苏省建筑业绿色施工示范工程、二星级绿色建筑、全国工程建设质量管理小组活动一等奖等荣誉，并获江苏省优秀质量管理小组活动优秀成果等多项奖项。

同时本工程也是江苏省质量安全文明观摩工地。

7.2 综合效益

常州市轨道交通控制中心及综合管理用房的建成，不仅为常州轨道交通线网安全、高效运行提供重要保障，而且使市中心交通辐射作用得以充分发挥，成为支持城市规划的发展轴（图 27）。

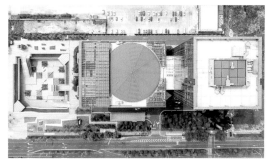

图 27 项目俯视图

使用至今，工程质量与使用功能得到社会各界的一致好评，使用单位"非常满意"！

（祁晓霞 杨小松 汤飞燕）

6. 启东市文化体育中心 ——江苏南通二建集团有限公司

1 工程简介

（1）工程名称：启东市文化体育中心。

（2）工程类别：公共建筑。

（3）工程主要使用功能：演出、会展、运动娱乐、教育培训。

（4）工程规模：启东文化体育中心工程，建筑设计以"蝶"和"潮"为主基调，衍生出现代、和谐、自然、生态的理念。工程位于启东市江海南路，由南、北区构成，北区形似蝶形浪花，南区取意启日东升，是集演出、会展、运动娱乐、教育培训为一体的大型公益文化体育项目（图1）。

图1 启东文化体育中心全景照

工程建筑面积79571m²。地下 −1 层为车库及设备用房，北区地上 1~3 层为大剧院、文化馆；南区地上为 1~4 层，含全民健身中心、规划馆、图书馆（图2~图7）。

工程由启东新城文化体育服务有限公司投资兴建，江苏南通二建集团有限公司总承包施工。2017 年 5 月 27 日开工建设，2020 年 6 月 26 日竣工验收并交付使用，2021 年 2 月 10

图2 大剧院

图3 文化馆

图4 健身馆

图5 羽毛球馆

图6 篮球馆

图7 图书馆

日完成竣工备案，项目总投资 10 亿元。

工程采用桩承台筏板基础，北区由斜圆柱构成的不规则空间混凝土结构，屋面为"蝶"形双层铝板屋面、双曲面玻璃幕墙。南区框架结构，穿孔造型铝板装饰幕墙，屋面为不上人屋面。

工程深受百姓的青睐，已成为启东市地标名片、网红打卡地，工程经过近 1 年的使用，各系统运行正常，使用单位"非常满意"（图8、图9）。

图8 北区外立面

图9 南区外立面

2 工程技术难点与新技术推广应用

2.1 工程施工的特点及主要难点

（1）基坑深：大剧院台仓（坑中坑面积达1866m²）最深开挖达16.5m，采用PCMW（ϕ950@1200三轴深搅桩内插预制支护桩GZH-800 Ⅲ-160-16）工法桩加一道混凝土支撑支护形式，创长江出海口冲击泥沙土质开挖深度之最。支护和换撑安全风险高（图10）。

图10 北区大剧院台仓BIM模型（施工模拟）

（2）跨度大：北区环带钢桁架外挑钢构11m，檐口双曲铝板在钢构外悬挑3.5m。南区体育馆跨度达42m（后张法预应力梁截面尺寸700mm×2600mm）（图11、图12）。

图11 北区环带钢桁架外 图12 南区体育馆
挑钢构

（3）空间高：高支模共25个区域，主舞台区支模高达44.7m（梁截面600mm×2200mm）、体育馆13.2m高、42m跨，支模区面积达2650m²（梁截面尺寸700mm×2600mm），高度超15m的支模区达11处，采用盘扣式支撑架确保安全。

（4）造型异：北区48根不同倾角的斜圆柱，最大倾角达27.43°、外倾水平距离13m；"大跨度非常态无序空间网壳结构"的钢构件制作、安装、焊接等精度控制要求高；

室内异形墙面、地面、顶面的砌筑、装饰及安装工程施工异常艰难（图13、图14）。

图13 斜圆柱 图14 网壳结构

（5）曲面多：三维扭转的"蝶"形铝镁锰板及15mm厚氧化蜂窝铝板双层屋面系统[17392m²，共7143块，单曲弯弧（翘曲量均大于20mm）面积291m²，占比1.7%共150块]，最大单板翘曲量达75mm，屋面排水也是工程难点；外倾内倒EWS02双曲玻璃幕墙系统（双曲玻璃总数为2281块，总面积为8634m²，翘曲值分布范围为0~576.7mm，冷弯玻璃占比约为79.8%，弯钢玻璃占比约为20.2%。），最大单片玻璃弯钢翘曲值达577mm。室内剧场墙、顶由多维曲面GRG构成，石材、铝板、玻璃等曲面材料大量应用，材料翻样、生产、运输及安装非常困难（图15）。

图15 曲面

（6）装饰新：127种材料、82种做法，高大空间装修涉及专业工种多、交叉密、节点繁杂、造型独特，是对做精做优的重大考验（图16）。

（7）系统多：机电系统繁杂、量大径粗、空间变化多、管线密集、最难部位达5层管线，给施工带来挑战（图17）。

（8）专业化强：舞台机械、灯光、音响、音乐喷泉等系统专业化安装要求高。主

图16　内部装饰

图17　机电系统

舞台台口宽15.386m，高9.777m；主舞台宽28.525m，进深20.576m，净高23.967m。配置主升降台4台，子升降台1台；侧辅助升降台4台（图18）。

图18　舞台

2.2　新技术推广应用情况

推广应用住房和城乡建设部建筑业10项新技术中的10大项、32子项；江苏省10项新技术中7大项14子项；自创技术8项。获实用新型专利6项、省级工法1项。2020年12月通过省级新技术应用示范工程验收，技术水平国内领先。

2.3　四节一环保与绿色施工

施工过程推行绿色建造，减少地面硬化增加绿化、节水节能电器、模板加固体系以钢代木、固体废弃物回收利用、预制构件、工厂加工、喷淋降尘等32项四节一环保技术，全过程贯彻绿色施工理念，节能效果显著，获江苏省绿色示范工程。

工程开工伊始，即确定了誓夺"鲁班奖"的质量目标，围绕目标，基于"深、大、高、异、曲、杂、新"等工程特点难点，采用专家会审、BIM技术进行精细策划、深化优化设计、施工放样、材料加工安装、保证有序规范施工，将工程难点转化为亮点。

3　工程质量情况

3.1　地基与基础工程

1856根预应力管桩[PHA-500（110）、PHC-500（110）两种类型，桩长分别为30m、33m、43m、46m，强度等级C80]，经检测Ⅰ类桩达100%，187根钻孔灌注桩（桩径分别为ϕ800、ϕ600，桩长分别为43m、32m，强度等级为C30），经检测Ⅰ类桩达96%，无Ⅲ、Ⅳ类桩，单桩承载力符合设计要求。

本工程共设150个沉降观测点，自2017年10月25日开始至2020年5月30日结束，共观测39次，最大沉降量分别为20.3mm和27mm，最小沉降量分别为7.4mm和12.4mm，最后一期沉降速率为0.007mm/d，沉降均匀并已趋于稳定。

地下室无渗漏，室外地面无下沉。

3.2　主体结构工程

钢筋经检测满足设计和规范要求；混凝土试块留置齐全，强度检测合格，抗渗性能满足设计要求（18413m³ 防水混凝土留置66组抗渗试块）。混凝土结构内实外光，棱角方正，节点清晰、弧度圆润平滑，构件尺寸准确（图19）。结构达到清水混凝土标准，结构经实体检测，全部满足设计及规范要求。3456t钢结构现场安装一次成优，焊缝饱满，过渡平整，焊缝超声波检测合格率100%。与内外装饰连接平顺，气势雄伟。

图19 混凝土结构

3.3 装饰工程

8634m² 外倾内倒双曲面玻璃幕墙、弧度自然、挂贴平整、缝路有序整齐，密封胶均匀饱满；穿孔铝板及水波纹装饰幕墙相得益彰，大气美观，设计计算书齐全，四性检测合格；窗开启灵活、五金件齐全、三性检测合格（图20）。

图20 8634m² 外倾内倒双曲面玻璃幕墙

室内55203m² 楼地面，石材地面(11452m²)无色差、无空鼓，排版合理、拼缝平整、缝隙均匀；塑胶地面（9235m²）整体面层无分缝，光亮如镜，美观大方；旋转楼梯、异形楼梯石材踏步尺寸准确、色泽明亮（图21）；木地

板（5119m²）安装稳固、拼缝严密；环氧地坪（22620m²）平整光洁，颜色均匀，美观耐磨（图22）。

图21 石材　　　　图22 塑胶地面

室内71094m² 墙面，GRG（3842m²）墙面造型优美、纹路处理精细（图23）。弧形装饰铝板（10809m²）、穿孔吸声板（11957m²）贴装平整牢固、拼缝严密、缝隙均匀、色泽一致（图24）。栏杆扶手、栏板玻璃安装牢固，玻璃通透、色泽均匀。

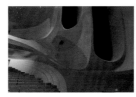

图23 GRG墙面　　　图24 弧形装饰铝板

13914m² 双曲面铝板吊顶，整体安装平整、曲面平顺自然、与幕墙、柱子交接位置采用定制材料，收口精细美观。43000m² 乳胶漆色泽一致、阴阳角方正。40mm厚GRG异形板材、线条（1500m²）、纸面石膏板吊顶（18810m²）、铝格栅（3842m²）等吊顶，拼缝严密、缝隙均匀、造型美观。

卫生间墙地砖对缝整齐、细部精美，洁具安装牢固、整齐；楼梯踏步高度一致，挡水台精细美观；木门、钢质门、隐形消防门安装，缝隙均匀，五金配件设置规范。

无障碍设施齐全，满足功能要求。

3.4 屋面工程

17392m² 金属屋面整体呈现"蝶浪花"造型，直立锁边铝镁锰板和15mm厚氧化蜂窝铝板屋面外挑屋檐系统，坡度准确，咬合严密，抗风揭性能符合设计要求（图25）。不上人屋面分隔合理、勾缝密实，排水顺畅、无渗漏。

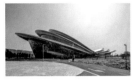

图25　17392m² 金属屋面

3.5　设备安装工程

设备机房布局合理，基础棱角顺直、导流槽设置合理、橡胶减震器齐全有效，设备安装牢固、排列整齐、运营平稳，管道接口严密无渗漏（图26）。报警阀组高度一致，水力警铃安装规范；管道排列有序，标识醒目（图27）。

图26　机房布局　　图27　报警阀

3.6　暖通工程

通风空调设备安装稳固运行平稳（图28）；风管表面平整，接口严密；管道共用支架安装牢固，弯头托架设置合理（图29）。压花铝板外壳做工精细、虾弯圆滑。

图28　通风空调设备　　图29　管道支架

3.7　电气工程

配电箱柜布线整齐、相序正确、压接牢固、标识清晰；桥架安装牢固，接地跨接正确无遗

漏；照明灯具安装牢固，成排成线；各种用电设备接地装置齐全，接地正确；防雷系统的防雷检测合格；泛光照明勾勒建筑外形，美轮美奂（图30、图31）。

图30　配电箱柜　　图31　电线布线

3.8　防水工程

防水工程做法见表1。

防水工程做法表　　　　表1

序号	防水工程	防水做法
1	地下室防水	设计采用一级防水，底板采用1.5厚APF自粘改性沥青防水卷材2道；外墙面采用2厚APF自粘改性沥青防水卷材；顶板采用1.5厚APF自粘改性沥青防水卷材2道；种植顶板采用4.0厚SBS改性沥青耐根穿刺防水卷材，1.5厚APF自粘改性沥青防水卷材
2	屋面防水	1.5厚APF自粘改性沥青防水卷材2道
3	卫生间、设备用房防水	2厚聚合物水泥基防水涂料，沿墙上翻250（淋浴间到顶）

3.9　电梯工程

23台电梯、自动扶梯运行平稳，平层准确。

3.10　智能化工程

建筑智能系统功能完善，运行稳定。

3.11　建筑节能

工程采用加气块保温墙体，岩棉板保温，透水混凝土，中空Low-E玻璃，管道保温、地源热泵系统、太阳能热水等节约能耗；使用感应式节水器具节约水资源；使用自动控温空调，节能灯具、恒压变频供水设备等节约电能，获得绿建二星认证。

3.12　工程资料

共20卷，425册，分10个分部、74个子分部、428个分项、52268个检验批。编制完整、真实、编目清晰，检索方便，具有可追溯性。

4　工程主要质量特色

（1）造型美。工程布局以"蝶"和"潮"为意象，北区形似蝶形浪花，南区取意启日东升。柔美轻盈的建筑群体错落有致、灵动生辉（图32）。

（2）形体特。通过无序空间网壳结构支撑三维扭转的蝶形屋面与外墙系统，将北区两馆连为一体，极具视觉冲击力。金属屋面与幕墙系统融为一体，屋面泄水设三层排水沟解决排水难点（图33）。

图32　远景图　　　　图33　屋面

（3）精度高。混凝土斜柱及异形结构测控；树状钢柱及树状支撑、环带桁架的安装、变标高焊接、栓接；曲面玻璃、翘曲铝板的组拼，双曲铝板吊顶、GRG吸声板安装等，均运用BIM技术设计排版、工厂化加工制作来保证组拼的精度（图34）。

图34　内景图

（4）曲线顺。屋面与幕墙、高大曲面空间与异体造型的主线条饱满、流畅、气势磅礴；

通过材料自然过渡及构造创新、线条连续、优美，顺滑、自然（图35）。

图35　屋面与幕墙

（5）仪式庄。各区主大厅地面雅致、立柱端庄、造型独特、突出庄重的仪式感；吊顶美观舒心、赏心悦目、神清气爽（图36）。

图36　各区主大厅

（6）功能大。五大功能区特色鲜明、独立与联系，动静分离、交通流畅，整体建筑功能布局合理，已成为融入蝶湖绿肺的特色地标性文化建筑（图37、图38）。

图37　乒乓球馆　　　　图38　规划馆

5　工程主要质量亮点

（1）GRG造型顶板、墙板，造型优美，制作精良，定位安装准确，板线条流畅，拼缝顺滑，颜色喷漆均一、无色差，镶嵌LED灯带及顶棚灯光大气灵动（图39、图40）。

（2）沉降观测点及防雷测试点成品盖板做法规范、标识美观（图41、图42）。

图 39　GRG 板造型优美　　图 40　繁星点缀

图 41　沉降观测点　　图 42　防雷测试点

（3）专业高标准的图书馆其造型、灵活性、灯光布置、空间分割等设计与世界级标准接轨，施工工艺精致、气势如虹（图 43）。

图 43　图书馆

（4）规划馆 LED 大屏幕拼装严丝合缝、运行流畅清晰，激光投影效果立体逼真，完美展现了启东城市规划建设的宏伟篇章（图 44）。

图 44　规划馆 LED 大屏幕

（5）"大剧院升降舞台"调光灯照度变化自然，1218 座观众席各座位视角广阔，通透。舞台机械、灯光、音响系统的施工工艺、技术参数、细部节点构造做到精益求精（图 45、图 46）。

（6）大空间室内运动场馆装饰用料精致、空旷明亮，地板铺贴平整、稳固，接缝严密、纹理吻合（图 47）。

图 45　舞台　　图 46　舞台机械

图 47　运动场馆

（7）各类管道交叉布置科学、共用支架、抗震支架设置规范、管线标识清晰、美观统一；压花铝板外壳做工精细、虾弯圆滑（图 48、图 49）。

图 48　管道布置　　图 49　铝板外壳

（8）报警阀组精心排列，管、阀、表、闸等做到水平、竖向、前后尺寸标准一致（图 50、图 51）。

图 50　报警阀　　图 51　水力警铃

（9）设备机房布局合理、基础棱角顺直、导流槽设置合理（图 52）。

（10）桥架、管道与墙、地、顶接口防火封堵严密，成型美观（图 53、图 54）。

（11）矿物质电缆绑扎牢靠、标识清晰，

图 52　设备机房

图 53　桥架封堵

图 54　防火封堵

图 55　矿物质电缆

防火封堵严密；灯具、喷淋等末端装置成排成线（图 55）。

市建筑施工行业第五届 BIM 技术应用大赛（B组）一等奖（图 56）。

6　工程获奖情况

工程已获江苏省"扬子杯"奖，江苏省优秀勘察设计奖，上海市优秀工程勘察设计奖一等奖，江苏省安全文明星级工地，江苏省新技术应用示范工程，江苏省绿色施工示范工程，获实用新型专利 6 项、省级工法 1 项、国家级 QC 成果 2 项、中建协 BIM 大赛三等奖，上海

图 56　夜景

整个工程无安全质量事故，无拖欠进城务工人员工资。

（孙成伟）

7.DK20160186 地块教学综合楼 1、2、艺术综合楼、宿舍 1、2、门卫 1、地库

——苏州二建建筑集团有限公司

1 工程概况

DK20160186 地块教学综合楼 1、2、艺术综合楼、宿舍 1、2、门卫 1、地库建设项目（现名南京航空航天大学苏州附属中学星湖街校区）位于苏州工业园区，是由苏州工业园区教育局投资兴建的一所公办江苏省四星级高中。学校建有一流的教学设施和文艺体育设施，包含教学综合中心、STEAM 中心、艺术创造中心、图书阅览中心、体育运动中心等功能区域（图 1）。

图 1　DK20160186 地块鸟瞰图

项目总建筑面积 90099.65m²。地下 –1 层，地上 5~12 层，最大建筑高度 40.95m。

本工程由苏州二建建筑集团有限公司总承包施工，代建单位为苏州工业园区城市重建有限公司、设计单位为启迪设计集团股份有限公司、勘察单位为苏州市建筑勘察院有限责任公司、监理单位为苏州卓越建设项目管理有限公司、参建单位为苏州欣源基础工程有限公司。

工程开工时间 2018 年 7 月 19 日，竣工日期 2019 年 9 月 27 日，质量目标为国家优质工程奖。总造价约 30257 万元。

本工程含地基与基础、主体结构、建筑装饰装修、屋面工程、给水排水及供暖、通风与空调、建筑电气、智能建筑、建筑节能、电梯 10 个分部。

2 工程创优

2.1 建设过程的质量管理

1）建设单位的过程管理情况

开工伊始便确定创国家优质工程奖的质量目标，组织建立包括建设单位、总承包单位、设计单位、监理单位的全面质量管理体系和质量保证体系，以确保工程创优目标的实现。

2）设计单位的过程管理情况

配备理论知识扎实、经验丰富的设计人员，以项目组的形式与各方对接，搭建设计管控平台，强化内部技术评审，认真履行校审制度，层层把关，确保设计图纸质量。

3）施工单位的过程管理情况

（1）进行创优策划，根据质量目标编制《创国家优质工程奖策划书》；

（2）严格按照国家优质工程策划书规划施工，为工程创优创造条件；

（3）推行样板制度，严格样板的质量标准，强调工程质量的预控和过程控制；

（4）开展创新创效，应用建筑业及江苏省 10 项新技术及其他新技术。

4）监理单位的过程管理情况

（1）以设计图为依据，组织监理部对工程的重点、难点进行分析，确定施工程序、管理要点、监理控制措施等，以便指导各参建单位

高效开展工作；

（2）协调各方对工程细部构造进行二次设计，细化节点做法，确保施工有据可依；

（3）施工期间，加强质量巡视，并及时进行质量评估。

2.2 工程施工的特点、难点及技术创新

1）工程施工的特点

特点 1：水磨石地面。

教学综合楼及艺术中心水磨石共 15657.2m²，施工前进行排版设计，基层清理、分隔条安装、骨料摊铺、养护、分级打磨、抛光及上蜡等重要工序质量均得到有效控制。水磨石地面平整光滑，使用至今无空鼓裂缝。

特点 2：平瓦屋面。

各单体屋面以平瓦屋面为主，屋面坡度为 14°。防水选用改性沥青防水涂料 +SBS 防水卷材组合方式；水泥砂浆挂瓦条代替木质挂瓦条，檐边每间距 2m 设置泄水点。平瓦坡屋面坡向准确，波形瓦铺设平整、色泽一致，防水细部处理细致，使用至今无渗漏。

特点 3：多专业综合管线布置。

本工程安装分部及分项工艺多、安装量大，管线复杂。采用 BIM 深化设计，在预留预埋、机电综合等阶段进行深度应用。管线、桥架等合理布局，层次分明，管道支吊架设置符合规范，经 BIM 优化的管线有效改善了各部位的使用空间。

2）工程施工的技术、管理难点

难点 1：体量大、工期紧、质量要求高。

本工程单体多、体量大，开学需预留 2 个月环保静止期及 2 个月教学布置时间，开工到完工仅 10 个月。高效率完成精品工程是本工程施工难点之一。针对该难点，项目部提前做好总体策划、分部分项策划、工序策划，精选施工队伍，加强预控措施，保证工程质量达到创精品的目标。

难点 2：外立面线条复杂。

项目采用欧式风格，各单体建筑外立面线条错综复杂，各线条总长度约 2 万 m（图 2）。为根除后期漏水隐患，横向线条采用钢筋混凝土与主体同步成型技术。

难点 3：装配式建筑施工。

宿舍 1、宿舍 2 为苏州工业园区首批装配式建筑，为发挥引领、示范作用，对深化设计、供应商考察、BIM 技术应用、施工方案细化等从多维度进行精心管理，高质量完成了装配式 PC 构件施工（图 3）。

图 2　外立面线条　　　图 3　驻场验收

难点 4：艺术综合楼吊顶转换层。

艺术楼体育馆、报告厅吊顶距屋面最大距离分别为 3m、5m，中间需设置转换层。转换层采用 50mm×50mm×5mm 镀锌角钢支架。转换层支架进行专项深化设计（图 4、图 5）。

图 4　吊顶转换层龙骨骨架　图 5　吊顶转换层实施效果

3）新技术应用及成效

施工中积极推广应用了住房和城乡建设部建筑业 10 项新技术中 10 大项 26 小项及江苏省 10 项新技术中的 4 大项 5 小项、其他新技术 2 项，并于 2020 年 7 月通过了江苏省新技术应用示范工程验收。

4）技术创新及成果

（1）《房屋建筑工程施工缝遇水膨胀止水胶施工工法》于 2019 年 11 月 28 日荣获由江苏省住房和城乡建设厅颁发的省级工法证书（工法编号：JSSJGF-2019-368）。

（2）《装配式叠合板后浇带施工工法》于 2020 年 12 月 25 日荣获由江苏省住房和城乡建设厅公布的 2020 年度江苏省建设工程省级工法。

3 工程实体质量情况

3.1 地基与基础工程

地下室采用桩基 + 承台筏板基础，教学综合楼 1、宿舍 1、宿舍 2 采用桩基 + 承台基础，预应力管桩型号为 PHC-500（110）AB-C80，共 1987 根，其中教学综合楼 1 共 520 根，检测 213 根，检测率 40.9%，Ⅰ类 213 根；宿舍 1 共 175 根，检测 79 根，检测率 45.1%，Ⅰ类 79 根；宿舍 2 共 200 根，检测 73 根，检测率 36.6%，Ⅰ类 73 根；地下车库共 1092 根，检测 424 根，检测率 38.8%，Ⅰ类 424 根。经检测，Ⅰ类桩 789 根，无Ⅱ、Ⅲ、Ⅳ类桩，Ⅰ类桩占比 100%。

本工程共设置 118 个沉降观测点（图 6），委托第三方苏州方正工程技术开发检测有限公司进行全过程沉降观测，各单体经测量分析，时间 – 沉降量曲线均逐渐收敛，趋于稳定，符合《建筑物沉降、垂直度检测技术规程》DGJ32/TJ 18—2012 标准要求。

图 6　沉降观测点

3.2 主体工程

工程结构安全可靠、无裂缝；混凝土结构内坚外实，棱角方正，构件尺寸准确，偏差 ±3mm 以内，轴线位置偏差 ±4mm 以内，表面平整清洁，表面平整度偏差 ±4mm 以内，受力钢筋的品种、级别、规格和数量严格控制，满足设计要求，墙体采用蒸压砂加气混凝土砌块 / 板材，墙体垂直、平整度控制在 ±5mm 以内（图 7）。

本分部工程共分为混凝土、砌体、装配式混凝土结构、钢结构 4 个子分部工程，11 个分项工程组成，共计 841 个检验批，各分部分项工程均符合设计及规范要求。主体结构混凝土强度等级为 C30~C60，二次结构混凝土强度等级为 C25。外墙采用 250mm 厚 ALC 砂加砌块，内墙采用 200mm 厚 ALC 砂加砌块 / 板材（图 8）。

图 7　主体结构　　　图 8　墙体工程

3.3 装饰装修工程

1）外墙装饰

外墙装饰采用真石漆、暖色外墙涂料，线条压顶为深灰色涂料，局部采用仿木金属格栅装饰（图 9）。外墙门窗铝型材规格为 80、55 系，玻璃采用 6+12A+6Low-E 双层中空玻璃（图 10）。真石漆分格合理、顺直，格栅安装牢固，窗内外侧胶缝平整、顺滑。

图 9　外墙装饰　　　图 10　门窗工程

2）室内装饰

内饰面墙面：室内墙面主要有乳胶漆、饰面板、穿孔吸声板、吸声棉等墙面，表面垂直平整，阴阳角方正，接缝顺直，缝宽均匀（图11）。

内饰面地面：水磨石地面分格合理、平整、坚实、光亮；石材、地砖地面排布合理、铺贴平整；PVC卷材铺设顺滑、收边考究（图12）。

图 11　饰面板墙面　　图 12　仿木地砖地面

内饰面顶面：吊顶接缝严密，灯具、烟感探头、喷淋头、风口等位置合理，美观，与饰面板交接吻合、严密（图13）。

3.4　屋面工程

屋面分瓦屋面、平屋面。屋面防水等级为Ⅰ级，防水层采用1.5厚改性沥青防水涂料、3厚SBS防水卷材；保温层采用115厚B1挤塑型聚苯板保温层。防水节点规范细腻，防水工程完工后经淋水试验，使用至今无漏水（图14）。

图 13　石膏板吊顶　　图 14　上人屋面

3.5　建筑给水排水及供暖工程

管道排列整齐，标识清晰。支架设置合理，安装牢固。给水排水管道安装一次合格，主机房设备布置合理，水泵整齐一线，安装规范美观、牢固，连接正确（图15）。

3.6　电气工程

母线、桥架安装横平竖直；防雷接地规范可靠，电阻测试符合设计及规范要求；电箱、配电柜接线正确、线路绑扎整齐；灯具运行正常，开关、插座使用（图16）。

图 15　生活泵房　　图 16　配电间

3.7　通风与空调工程

支架及风管制作工艺统一，风管连接紧密可靠，风阀及消声部件设置规范，各类设备安装牢固、减振稳定可靠，运行平稳（图17）。

3.8　智能化

智能化子系统多重安全方案，高效数据管理，设备安装齐全，维护和管理便捷，布线、跳线连接稳固，线缆标号清晰，编写正确；系统测试合格，运行良好（图18）。

图 17　排风风管　　图 18　消控中心

3.9　节能工程

节能工程所用材料均符合设计和规范要求；围护结构节能构造经现场实体检测，符合设计要求（图19）。

图 19　配电箱分层计量、集中控制

3.10 电梯

本工程共设置 15 台电梯，电梯厅简洁大方，地面采用地砖对缝铺贴，色调和谐统一；电梯运行平稳、平层准确、安全可靠。

4 质量特色与亮点

4.1 工程特色

特色 1：形体设计独特、立面构思新颖。

延续老校区的独特校园建筑元素，采用酒红色主色调。立面上简化线条，更加简洁、现代，同时通过对大型公共空间、建筑灰空间以及广场空间的塑造，展现出一个开放、包容、极具自身特色的高中学校（图 20）。

特色 2：江苏省首个、全国第 2 个设立"雏鹰计划"飞行员课程基地班。

在苏州市航空飞行课程的基础上，创建江苏省航空飞行课程基地。飞行课程基地设有两间 1：1 还原 A320 机型驾驶舱的模拟舱（图 21）。

图 20　内部庭院　　　　图 21　飞行员教室

特色 3：图书馆。

图书馆空间自由开放，光线柔和，充满兼容并蓄人文气息（图 22）。

特色 4：施工缝遇水膨胀止水胶应用技术。

P201 止水胶代替地下室外墙施工缝止水钢板（应用数量 2700m），P201 止水胶具有双重密封止水机理和缓膨胀性。经检查，地下室外墙施工缝无一处渗水（图 23）。

特色 5：叠合楼面后浇带吊模施工技术。

预制叠合楼板后浇接缝处模板采用专项

图 22　图书馆　　　　图 23　遇水膨胀止
　　　　　　　　　　　　　　　　水胶敷设

设计的吊模节点。叠合楼面后浇带成型平整、光滑，无漏浆（图 24）。

特色 6：装配式建筑技术应用。

宿 舍 1（8F、H=26.75m）、宿 舍 2（12F、H=40.95m）采用三板（预制叠合楼板、预制楼梯、内墙为 ALC 板材），三板总比率分别为 63.10%、62.45%；预制装配率分别为 41.64%、41.986%。

特色 7：墙体拉结筋位置采用专用开槽机。

本工程蒸压加气混凝土砌块拉结筋位置采用专用开槽机进行开槽（图 25）。

图 24　叠合楼面　　图 25　专用墙体开槽机开槽效果
后浇带施工缝吊模

特色 8：专用工具修补外墙螺杆洞。

地下室外墙采用分段组合式止水螺杆，接头部位采用自行设计的组合小工具（压杆、活塞杆、套筒等）及高强灌浆料，进行快速、高效填补，接头空隙填补密实、无裂缝（图 26、图 27）。

图 26　组合小工具　　　　图 27　螺杆洞修补成型效果

特色9：数字样板交底。

采用信息技术将实物样板、建筑结构构造做法、复杂节点等（以下简称传统样板）数字化形成BIM模型，同时利用BIM的可视化、模拟性、优化性及参数化等特性，对传统样板进行优化、静态或动态模拟、拓展关联内容等，并通过线上、线下途径进行传播，形成对传统样板的补充（图28）。

4.2 工程质量亮点

亮点1：地下室墙面平整无渗漏点，涂料施工精细匀称；耐磨地坪平整坚实、分缝合理，坡向正确（图29）。

图28　数字样板　　　　图29　地下室地坪

亮点2：平屋面面层铺贴平整、牢固，无空鼓（图30）。

亮点3：吊顶排版合理，表面平整、无翘边变形，拼缝严密、线角顺直（图31）。

图30　仿草坪上人屋面　　图31　格栅吊顶

亮点4：卫生间洁具居中布置，墙地砖对缝整齐（图32）。

亮点5：玻璃砖艺术墙，色彩鲜明、做工精细（图33）。

亮点6：报告厅灯具、风口、喷淋、烟感排布对称均匀、整齐美观（图34）。

图32　卫生间　　　　　图33　玻璃砖

亮点7：机电管线排布层次清晰、间距均匀，标识正确（图35）。

图34　融创礼堂　　　　图35　综合管线布置

亮点8：设备安装牢固、接地可靠，减震措施到位，支墩美观居中，水槽顺直、坡向正确（图36）。

亮点9：防火封堵密实，装饰圈精致美观，标识正确、清晰（图37）。

图36　设备安装牢固　　　图37　防火封堵

亮点10：屋顶设备电源采用防水措施，做工精细（图38）。

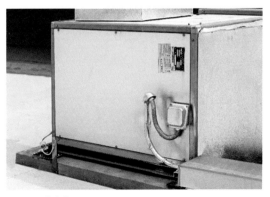

图38　防水弯

5 工程获奖情况

本工程先后获得省城乡建设系统优秀勘察设计三等奖、2021 年中国施工企业管理协会工程建设项目设计水平评价三等成果、2018 年度江苏省建筑施工标准化星级工地、2019 年度国家级工程建设质量管理小组活动一等奖、2019 年度江苏省建筑业新技术应用示范工程、苏州市建筑产业现代化示范项目、江苏省建筑业绿色施工示范工程、2020 年度江苏省优质工程奖"扬子杯"、省级工法 2 项、实用新型专利 3 项、期刊论文 2 篇、省级优秀论文 1 篇。

6 结束语

通过精品工程的创建，公司的创优经验日益丰富，项目团队无论在管理水平还是在施工质量方面，均得到了很大提高。苏州二建将一如既往，矢志不渝向着"成为受尊敬的卓越的工程建设服务商"的企业愿景而不懈努力。

（汪少波　张大圣　刘学）

8. 江苏旅游职业学院一期 ——江苏扬建集团有限公司

1 工程概况

江苏旅游职业学院一期项目位于扬州市经济技术开发区毓秀路1号,按PPP模式建设,参照5A级景区标准打造的大学校园。总建筑面积20.28万 m²,由18栋单体组成,地上最高39.85m,地下 -1层,地上2~8层,框架结构,建设6学院:旅游管理学院(旅行社、古运河水上游览中心、旅游产品研发中心)、烹饪工艺学院(烹饪文化博物馆、淮扬菜研发中心、美食体验中心)、电商物流学院(电商物流产业园)、工艺美术学院(工艺美术馆、扬州传统工艺品研发中心)、旅游经济学院(旅游产业经济研究院)、旅游信息学院(旅游信息研究院)。建设5中心:行政服务中心(一站式服务)、师生发展中心(创客中心)、体育运动中心(体育馆、运动场)、图文信息中心(校史馆、学术报告厅)、生活中心(学生宿舍、第一食堂、后勤及辅助用房),建成后可容纳12500名师生(图1)。

工程由扬州临港教育发展有限公司建设,扬州市东方工程勘察有限公司勘察,扬州市建筑设计研究院有限公司设计,扬州市创业建设工程监理有限公司监理,江苏扬建集团有限公司施工。工程于2016年12月15日开工,2018年12月20日备案。

首创性地提出了开放式校园,以5A级景区标准建设山水园林式校园,打造了一轴(东西中轴),两片(南片教学区与北片生活区),一带(滨水休闲带)空间格局,采用"园中园"布局方式,打造一个园林盛景;以书局格式、开放办学、园林校区、绿色学院四大规划理念引领,打造出一轴,两片,一带的空间格局;景观设计围绕"春夏秋冬""梅兰竹菊""北斗七星"三大主题,校园大小桥有二十四座,形成扬州园林新"二十四桥"之景(图2、图3)。

图2 空间格局 图3 整体分布

2 工程施工特点难点、技术创新情况

2.1 工程施工特点、难点

1)工程工期紧、单体数量多、标准要求高

(1)总建筑面积202835m²,合同工期382d,实际工期仅为375d,保证学校搬迁的要求。

(2)18幢单体同时施工,对总体的施工管理要求高,难度大。

(3)参照5A级景区标准打造的大学校园,力争成为到扬州旅游必到的一个旅游景点。

图1 东立面

（4）质量目标："国家优质工程奖"。

2）PPP 项目管理要求高

如何高效实施 PPP 模式，在和政府部门合作过程中，彼此监督，互利共赢，实现投资、设计、采购、施工之间的无缝衔接，打造高质量高品质工程是一项全新的管理挑战。

3）智慧校园

依据智慧校园建设标准，校园全面信息化、智能化，建设智慧校园、智慧公园。统一门户识别，教学资源丰富，满足学生、老师学习、生活的需求。校园物联化程度高，通过智能管理系统，结合新材料、新技术、新工艺的应用，实现节能、环保、绿色的要求。智慧教学的云教学、云直播系统，疫情防控期间为学生的线上学习提供了有力保障。

4）施工技术难度大、质量控制标准高

（1）工程高支模区域多（门厅、篮球场、羽毛球场等），高度高（最高 14.35m）。

（2）体育运动中心为大空间、大跨度结构，屋面采用螺栓球节点双层异形钢网架，篮球运动场投影尺寸为 56m×38.7m，屋面外挑檐为异形钢结构框架，悬挑长度 4.1m。

（3）室内装饰造型复杂多变，特色鲜明。

（4）室内地面材料品种众多，工程量大、交叉施工多，如何控制墙地砖排版精准、接缝平整、与其他饰面材料交接的平直度等为一大施工难点。

（5）6.1 万 m^2 外墙干压陶瓷砖粘贴质量控制是重难点。

（6）保证楼梯间踏步宽高均匀，踢脚线出墙厚度一致、交接清晰顺直，滴水线交圈吻合，边缘清晰等质量控制要求高。

（7）机电专业繁多，5 个分部 28 个子系统交叉施工，设备种类、管道规格众多，布置复杂，标高各异、安装空间小、难度大。如何利用有限的空间，对各类系统、管道的布置进行综合协调，是机电安装工程施工的重点与难点。

2.2 技术创新情况

（1）应用建筑业 10 项新技术 8 大项，27 小项。江苏省推广应用的建筑业新技术 6 大项，10 小项；应用了中装协建筑装饰行业重点推广的 10 项新技术 8 大项。

（2）工程自主创新技术 5 项，获授权专利 2 项，省级工法 3 项，省 QC 成果奖 2 项。

3 工程质量情况

工程共 10 大分部，53 个子分部，153 个分项，8616 个检验批，均一次性通过验收，单位工程一次验收合格。

1）地基基础分部

（1）基础预制混凝土管桩总数 3220 根。

（2）静载试验抽检桩数：100 根，抽检结果：单桩竖向抗压极限承载力统计值、单桩竖向抗压极限承载力特征值，标准值均符合要求。

（3）桩身完整性检测：抽检数量 2702 根，Ⅰ 类桩为 2669 根，Ⅰ 类桩比例为 98.78%，Ⅱ 类桩为 33 根，无 Ⅲ、Ⅳ 类桩。

（4）基础钢筋约 3280t，复试 105 批，复试结果：全部合格。

（5）基础混凝标养试块 196 组，全部合格。同养试块 97 组，全部合格。

（6）抗渗混凝土标养试块 48 组，全部合格。

（7）沉降观测点总数 320 个，最后 100d 的沉降速率为 0.002mm/d，沉降均匀已稳定。

2）主体结构

（1）主体工程钢筋约 13120t，复试 420 批，复试结果：全部合格。

（2）滚轧直螺纹：接头试验一共 128 组，其中合格 128 组。

（3）板混凝土保护层检测 144 点，合格

144 点，检测合格率 100%。

（4）楼板厚度检测点 72 点，合格 72 点，检测合格率 100%。

（5）结构构件几何尺寸满足设计要求，偏差均在允许范围内，观感质量好。

3）装饰装修工程

（1）共选择 170 个测点进行室内空气质量检测，全部合格。

（2）卫生间、厨房等泛水坡度正确，经蓄水试验检验，无一渗漏。

（3）成品木门，防火密闭门，铝合金窗等安装牢固、开启灵活、胶缝平顺美观。小五金安装规范、细腻，油漆光滑手感好，无交叉污染现象。楼地面石材、陶瓷薄板、玻化砖、PVC 地板等，铺贴平整，缝路自然顺直，楼梯间滴水线、挡水嵌，做工精细，踢脚线出墙厚度一致。石膏板、铝方板、铝格栅等吊顶造型简洁，板块排列美观，板缝顺直、宽窄均匀，做工精细。

4）屋面工程

（1）屋面坡向正确，坡度符合设计要求，无积水。

（2）泛水上翻高度、收口等细部做法符合规范规定。

（3）屋面蓄水试验无渗漏，夏季连续暴雨无渗漏，排水正常。

（4）屋面观感质量好。

5）给水排水及供暖

（1）管道强度、严密性试验符合设计和规范要求，系统的各类接口及连接点无渗漏；水箱闭水试验符合要求。

（2）设备安装位置合理、固定方式可靠，管道安装牢固，间距符合要求；消火栓系统安装位置正确，管道采用综合布置，油漆亮丽，色标齐全。

（3）生活饮用水经水质检测符合现行《生活饮用水卫生标准》GB 5749 的要求。

（4）排水管道灌水试验、通水试验、通球试验合格，无渗漏。

（5）管道及设备的保温材质和厚度符合设计要求，密封完整。

（6）管道接口、支架、坡度观感好。

6）通风与空调

（1）管道、设备的安装情况。风管密封处严密，无明显扭曲与翘角，表面平整，无划痕，安装牢固，设备安装位置合理、固定方式可靠，减震可靠，噪声符合环保规定，间距符合要求，空调安装质量良好，设备运行正常，风口装饰贴面，成型美观。

（2）冷媒、水、风管保温绝热情况。管道保温外观美观，接缝严密。

（3）试验、检测情况。风管强度试验符合要求，接缝处无开裂；风管漏光试验符合要求。

（4）单机试运转情况。风机经单机试运行，各系统运行正常，满足设计及使用功能要求。

（5）系统调试情况。空调、送排风、防排烟系统调试合格、运行正常。

（6）观感质量。设备、风管、风阀、风口等安装位置正确，观感质量好。工程设置消防类风机 33 台，空调内机 1951 台，空调外机 174 套，各类设备安装规范，运行稳定。

7）建筑电气

（1）外部防雷系统情况。防雷接地、接闪器、引下线、接地体规范可靠，接地电阻测试符合要求；室外防雷接地测试点做工精细，安装规范合理。

（2）等电位系统安装情况。等电位安装符合设计及规范要求。

（3）低压配电系统的安装与检测情况。绝缘电阻测试阻值符合设计及规范要求。RCD 模拟试验、低压设备试运转、双电源切换、照明系统试运行符合规范要求。

（4）观感质量情况。配电箱、灯具、开关插座、防雷、接地等观感质量好，公共走廊吊顶灯具、烟感、末端器具成排成线。

8）建筑智能化

（1）各系统检测情况。各系统信息通畅、信号控制准确，检测资料齐全。

（2）各系统运行情况。各系统使用正常，集成运行良好。

（3）消防联动试验情况。消防联动运行良好，满足设计和使用功能要求。

（4）火灾报警与消防联动检测情况。火灾自动报警与联动系统运行正常，动作准确可靠，满足设计和使用功能要求。

（5）观感质量情况。设备、线路安装观感质量好。

9）节能工程

（1）所有门窗材料、屋面墙体材料等均试验合格，试验数量满足规范要求。

（2）围护结构节能检测符合要求。

（3）门窗节能、墙体节能、屋面节能、照明配电节能等均验收合格。

（4）空调设备综合能效系数、配电电源质量、照明灯具效率、照度和功率密度值、能耗监测系统节能监控功能、智能照明等符合要求。

10）电梯工程

共设 7 台电梯。电梯启动、运行、停止平稳、制动可靠，平层准确。经单机试运转、联动调试，均一次性验收合格，电梯质量保证资料齐全，验收合格。

4 工程主要亮点

（1）主体结构梁、柱截面尺寸控制准确，阴阳角方正（图 4）。

（2）外墙面 61000m² 的干压陶瓷砖采用

图 4　主体结构

专用胶粘剂粘贴，粘贴牢固，面砖排版合理；接缝平整、顺直，效果美观（图 5、图 6）。

图 5　外立面　　　图 6　干压陶瓷砖

（3）体育运动中心为大空间、大跨度结构，屋面采用螺栓球节点双层异形钢网架，投影尺寸为 56m×38.7m，外挑檐为异形钢结构框架，悬挑长度 4.1m（图 7、图 8）。

图 7　体育运动中心　　图 8　外挑檐钢框架结构

（4）吊顶 17 万 m² 形式多样，石膏板、铝方板、硅酸钙板等安装牢固，平整对缝，接缝严密（图 9、图 10）。

图 9　烹饪科技学院　　图 10　行政楼

（5）建筑细部处理得当，过渡自然（图 11）。

（6）施工过程中通过对功能及色彩的组合，使活泼、现代、简约的空间装饰风格及设计意图得到了完美的体现（图 12、图 13）。

图 11　细部过渡

图 17　配电房　　　图 18　蝴蝶螺母

图 12　报告厅　　　图 13　茶室

（7）地下室水管、风管、桥架排布合理、支架设置正确可靠，吊架采用 PVC 护套及装饰罩视觉效果好，管道油漆分色正确、标识齐全（图 14、图 15）。

（10）消防泵房内设备布置错落有致，管道、配件、阀门、支架安装排列整齐有序、安装位置合理、便于操作维护，螺栓长短一致、整齐划一，水管与电器隔离措施到位（图 19、图 20）。

图 19　消防泵房　　　图 20　安装排列整齐有序

图 14　共用支架　　　图 15　管道

（11）报警阀间阀组、延时器、警铃安装位置正确、标高统一、标识齐全，管道排布流畅，支吊架设置合理，排水位置预留精确（图 21、图 22）。

（8）顶棚灯具、烟感、广播、喷淋头、风口、监控头排布做到纵横成线，视觉效果佳（图 16）。

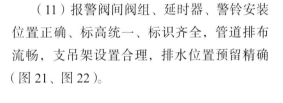

图 21　报警阀　　　图 22　消防警铃

（12）智能化系统设备安装符合规范，配线整齐划一，系统信号稳定、控制精确（图 23、图 24）。

图 16　排列纵横成线

（9）配电房整体布置整齐合理，成排柜、屏排列整齐、规范，安装牢固，工作接地点做工考究、采用蝴蝶螺母方便实用（图 17、图 18）。

图 23　智能化控制室　　图 24　监控室

（13）电梯安装规范，运行平稳，平层准确（图25）。

图25　电梯

（14）校园水系具有保障防洪排涝、维持生态平衡、塑造景观环境、营造滨水空间等综合功能（图26）。

图26　校园水系

（15）植物配植采用扬州的乡土树种，多样性配植，配合微地形，结合水系，富于变化（图27）。

图27　植物配植

（16）学校空间通过游廊衔接，以廊相连，廊如"阁道"（图28~图30）。

图28　游廊

图29　东南全貌　　　图30　校园景色

5　综合效果及获奖情况

5.1　获奖情况

（1）2020~2021年度国家优质工程奖；

（2）江苏省优质工程奖"扬子杯"；

（3）中国施工企业管理协会工程建设项目设计水平评价三等成果、江苏省城乡建设系统优秀勘察设计三等奖、江苏省勘察设计行业"优秀设计"、二星级绿色建筑设计标识证书；

（4）中国建筑工程装饰奖（公共建筑装饰类）；

（5）江苏省建筑业新技术应用示范工程、江苏省省级工法3项、授权专利2项、省QC成果奖2项、省级交流论文获奖2项；

（6）江苏省建筑施工标准化星级工地。

5.2　综合效益

该项目结构安全可靠，设备运转正常，各系统运行良好，满足使用功能要求，各方评价非常满意。项目的建设一方面满足了提升现代服务人才培养层次和水平的要求，另一方面，促进了高等教育和地方产业共同发展，帮助扬州进一步提升了旅游城市品牌，更好地建设了国际文化旅游名城，充分展现了扬州传统文化、旅游文化、职教文化、环境水文化特色，成为理念最新、环境最美、文化最优的旅游大学。

（任德宇　薛天怡　张睿）

9. 南通大学附属医院新建门诊楼
——江苏南通六建建设集团有限公司

1 工程简介

南通大学附属医院新建门诊楼，位于南通市中心区，南向隔西寺路与老院区相望，东临健康路，西侧紧邻文物保护建筑群西寺，东南角有一株近800年的古银杏树，距国家5A级濠河风景区不足百米。

项目南北向长155m，东西宽62m。工程建筑面积40308m²，建筑高度44.4m，地下-2层，地上主楼10层，裙楼4层。其中-2层(人防)为机械停车库，-1层为自行车库、设备用房等。1层为门诊大厅及医疗服务部；2~8层为内、外科各个门诊治疗中心；9层为高级专家诊疗中心、多学科诊疗中心、远程医疗中心；10层为医学美容科（图1）。

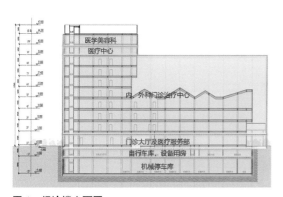

图1 门诊楼立面图

工程设计立足于满足医院的新发展需求，打造充分体现现代医学理念、功能配置完善、流线组织合理、空间环境舒适的新门诊楼建筑。同时塑造与濠河景观带及周边环境相协调的建筑形象，使新建门诊楼建筑成为地段建筑景观的新亮点。

项目建成后，成为集门诊、医技于一体的现代化大型门诊医疗综合体，引领地区医疗卫生系统建设的标准。新门诊楼的建设与投入使用，每天接诊病患近万人，极大地缓解了南通地区广大群众就医难的矛盾，改善了患者的就医条件和环境，让千万江海百姓享受更加优质的医疗资源和医疗服务（图2）。

图2 门诊楼

2 工程管理

开工伊始就确定了誓夺"国家优质工程奖"的质量目标，建立由建设单位牵头、勘察设计单位指导、总承包单位实施、监理单位监理、主管部门监督的"五位一体"的质量联控体系，确定工程总体和分阶段的创优目标。

开工之初建设单位编制了《工程精细化管理指引》，勘察设计单位制定了《工程质量管理措施》，监理单位细化了《监理工作管理细则》及《工程实体质量监督要点》。

施工总承包单位编制了《创国优奖策划

书》《质量管理制度》等一系列创优保证措施，强调工程质量的预控和过程控制，杜绝发生质量问题。

施工过程始终坚持"过程精品"的管理理念，强策划、抓预控、重样板、优工艺。制定了具有战略指导意义的施工组织设计和详细的施工方案，力求技术交底具有可操作性，保证施工质量一次成优。

针对工程特点难点，成立项目 QC 小组进行质量攻关，获省级 QC 成果三项。

整个施工过程中，参建各方科学管理，积极协调，各个环节运转正常，工程质量、进度、成本得到了有效控制。

3 工程的特点、难点及技术创新

3.1 工程的特点、难点

（1）基础埋深深，周边环境复杂，南向隔西寺路与老院区相望，东临健康路，西侧紧邻文物保护建筑群西寺，东南角有一株需保护的近 800 年的银杏古树。

（2）工程临近濠河，地下水位高，西寺保护变形控制要求严，周边地下管线复杂、保护要求高，基坑降水、支护施工难度大。

（3）基础边线贴近用地红线，地下室外墙与支护桩紧邻，外墙结构和防水施工难度大。

（4）工程涉及专业多，管线系统复杂，综合布置协调难度大。

（5）本工程为南通地区重点医院的新建门诊楼，就医人员多，使用频率高，设备、系统无障碍保障率高，结构耐久性要求高，施工难度大。面对众多病患，无障碍设计要求高，需要进行人性化深化设计，保障病患的就医安全。

（6）质量目标为誓夺国家优质工程奖，技术创新、管理创新要求高，难度大。

3.2 科技创新及技术攻关

1）西寺保护措施

采用三轴搅拌桩止水帷幕＋钻孔灌注桩＋钢筋混凝土内支撑，形成由基坑支护设计、降排水、基坑及西寺监测、高位回灌等综合配套古建筑保护施工技术（图 3）。

图 3 古建筑保护施工

2）地下室外墙结构、防水施工

采用单面支模技术，在支护桩上植筋焊接止水螺杆，内侧采用槽钢、钢管等组成内撑式模板支撑体系，通过外拉内撑的共同作用保证混凝土浇筑时不出现跑模、胀模等现象（图 4）。

图 4 单面支模技术

3）混凝土耐久性保证措施

优化混凝土配合比，使用复配和抗裂技术，通过Ⅱ级粉煤灰、膨胀剂及抗裂纤维的掺加，控制水胶比，保证了混凝土耐久性要求。

4）砌体构造柱质量保证措施

砌块 45° 切割，形成梯形马牙槎，增加阴角部位混凝土流动性，消除构造柱混凝土孔洞等质量缺陷（图 5）。

5）无障碍及人性化保证措施

无障碍卫生间、弧形柱墙角装饰等的应用，保障了病患的通行安全及使用方便（图 6）。

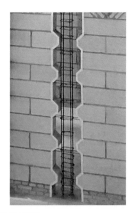

图5 砌体构造柱模板

图6 无障碍卫生间

本工程推广应用了国家建筑业10项新技术9大项21小项，江苏省建筑业十项新技术6大项9小项，获经济效益362.54万元，社会效益显著，获江苏省建筑业新技术应用示范工程。

自主创新技术7项，其中1种便捷式楼梯踏步木模板新型施工结构、1种现浇梁钢筋笼绑扎安装多功能台车、超大型幕墙装饰盖组装结构、1种多功能一体化山型卡具、1种铝板幕墙安装结构获实用新型专利；钻孔灌注桩头剥离施工工法、砌块梯形马牙槎构造柱施工方法获省级工法。

4 工程质量情况

1）地基与基础工程

448根钻孔灌注桩，承载力检测符合设计要求，桩身完整性检测448根单桩，Ⅰ类桩占比100%，经检测，单桩承载力为4200kN。

沉降监测符合要求，建筑物沉降均匀、稳定。工程竣工交付使用至今未出现裂缝、倾斜及变形等现象，结构安全可靠。

2）主体结构工程

钢筋采用直螺纹套筒及电渣压力焊连接方式。原材料复试合格，报告齐全，接头连接质量检测合格，满足设计和规范要求。

钢筋排点划线绑扎，间距均匀，满足设计要求。

混凝土结构表面密实，节点清晰，线面顺直，内坚外美（图7）。

钢筋保护层厚度、现浇板厚度等实体检测合格。

砌体结构组砌合理，砂浆饱满，强度达标，灰缝横平竖直，洞口尺寸一致，墙面垂直度、平整度均满足规范要求。不同材料交接处设钢丝网片，防止开裂（图8）。

图7 混凝土结构　　图8 砌体结构

3）装饰装修工程

（1）室外装修。

幕墙构造合理、安装牢固精确、打胶饱满、无色差、整体观感效果好、性能检测符合设计要求。经淋水试验及大风、暴雨考验，不渗不漏。门窗开启灵活，无变形（图9）。

（2）室内装修。

地面粘贴牢固、缝隙均匀顺直、表面平整，铺贴整洁、美观、色泽均匀，平整度最大偏差不超过1mm，接缝高低差最大不超过0.3mm。墙面装饰平整一致、接缝严密、做工精致（图10）。

图 9　幕墙　　　　　图 10　墙面、地面

卫生间墙地对缝，铺贴平整，器具布置合理、安装协调端正、牢固、功能可靠。

4）屋面工程

金属屋面、种植屋面和钢筋混凝土平屋面，防水等级均为Ⅰ级，采用自粘聚合物改性沥青聚酯胎防水卷材，落水斗、女儿墙根部、突出屋面的风井根部、设备基础根部等防水加强处理符合设计要求，防水卷材粘贴牢固，屋面坡度、坡向正确，屋面无积水、无渗漏（图 11）。

图 12　生活给水排水、消防　图 13　暖通设备管道
管道

色正确，接地可靠，封闭严密（图 14）。

8）智能建筑工程

智能化系统运行可靠、平稳，操作方便，信息传输准确、流畅（图 15）。

图 11　屋面

5）建筑给水排水及供暖工程

生活给水排水、消防管道畅通无渗漏，设备运转正常，系统工作可靠。管道经 BIM 技术深化设计，排列合理美观、标识清晰明确、工艺精细。设备安装规范、布置合理、接地可靠、运行平稳（图 12）。消防经验收合格。

6）通风与空调工程

暖通设备安装牢固，减震可靠，运行正常，支、吊架设置规范、美观，管道安装位置正确，排列整齐（图 13）。

7）建筑电气工程

配电柜安装端正、排列整、操作灵活可靠，内部接线牢固，标识齐全、相线及零、地线颜

图 14　配电柜　　　　图 15　智能化系统

9）电梯工程

12 台电梯、8 台扶梯安装规范、运行平稳、无噪声、平层准确。由江苏省特种设备安全监督检验研究院检测合格（图 16）。

图 16　电梯

10）建筑节能工程

采用绿色节能设计，材料、设备选用节能环保产品，节能验收合格。

11）工程技术资料

工程施工资料23卷，共182册，监理资料1卷，共7册，资料编目完整、分类清晰、装订规范、便于查找。各项资料齐全完整，真实有效，可追溯性强。

5 工程实施效果

根据工程特点、难度，借助BIM技术对工程进行精心策划，结合工程重点、难点，有意识地因势利导，制造一些令人耳目一新、为之一亮的亮点，做到：人无我有、人有我优、人优我精、人精我特。在科学性、趣味性、人性化、舒适性上下功夫。

亮点1：外幕墙打胶饱满，缝隙均匀（图17）。

亮点2：楼梯间滴水线做工精细、交圈（图18）。

图17 外幕墙打胶

图18 楼梯间滴水线

亮点3：楼梯间踢脚线石材出墙厚度一致，无超厚及与涂料交叉污染现象（图19）。

亮点4：塑胶地面粘贴牢固、表面平整、接缝顺直，无起鼓变形（图20）。

亮点5：柱角装修弧形角，避免患者磕碰（图21）。

亮点6：无障碍设施齐全、做工精细、施工规范（图22）。

图19 楼梯间踢脚线

图20 塑胶地面

图21 柱角

图22 无障碍设施

亮点7：栏杆安装牢固、做工精细，高度满足规范要求（图23）。

亮点8：消防管道排布整齐，间距均匀，成排成线，标识清晰（图24）。

图23 栏杆

图24 消防管

亮点9：医院街空间布置合理，墙面、地面、吊顶做工精细（图25）。

图25 医院街

亮点10：种植屋面布局合理、环境优美、施工精细、清新怡人（图26）。

亮点11：电池柜干净整洁，电池连接牢固规范（图27）。

图 26　种植屋面

亮点 12：机柜排线整齐，美观（图 28）。

图 27　电池柜　　　　　图 28　机柜

亮点 13：控制室大屏拼缝紧密，图像清晰，编码完整（图 29）。

亮点 14：触摸查询一体机安装美观（图 30）。

图 29　控制室大屏　　　图 30　触摸查询一体机

亮点 15：显示屏安装美观，边框选用和整体装修环境协调（图 31）。

图 31　显示屏

亮点 16：智能排队叫号，采用分布式部署，集中化管理，打造多维信息功能平台（图 32）。

亮点 17：大厅 LED 大屏超薄箱体，无缝拼接（图 33）。

图 32　智能排队叫号

亮点 18：会议室扩声系统设计声学特性指标达到一级标准，音箱安装规范美观，视频显示画质细腻，亮度均匀（图 34）。

图 33　大厅 LED 大屏　　　图 34　会议室

6　绿色施工

工程自开工伊始，项目部就成立了"绿色施工示范工程"小组，将责任落实到项目部每一位管理人员，划分责任区。

在施工中推行"四节一环保"的措施：

（1）现场采用商品混凝土减少扬尘。

（2）采用封闭式的模板加工棚和电焊棚，门口、窗户挂布帘（工作时放下，起到隔声的作用），减少噪声外泄。

（3）钢筋接头采用直螺纹连接，减少钢筋的搭接长度。

（4）支护内撑采用绳锯切割，湿法作业，有效控制扬尘。

（5）加强对模板废料的再利用，如重新加工改制临边洞口的盖板、框架柱及楼梯踏步的护角、脚手架挡脚板、防滑条、硬封闭等。

（6）施工现场设置管井降水集水池、雨水集水池，收集地下（表）水，作为消防、养护和冲洗用水、绿化养护道路洒水。

（7）采用节水系统和节水器具，提高节水器具配置比率。

（8）工作时，在保证亮度的前提下，尽量不开或少开照明灯，用完及时关闭。

（9）采用节能灯。

（10）现场材料堆放紧凑等。

本工程积极推进"四节一环保"的绿色施工方针，在材料节约和能源节约方面采取切实有效措施，实现了钢筋、模板、木方等材料的大幅节约，降低成本115.39万元，取得了明显的经济效益；形成了推进绿色施工的浓厚氛围，让工程建设各参与方了解到了绿色施工的意义，提高对绿色施工的认识，获得了各方的肯定，取得了显著的社会效益。工程获江苏省建筑业绿色施工示范工程。

7 工程获奖情况及综合效益

本工程设计、施工突出"标准化、精细化、信息化"及节能环保绿色的理念，已获二星级绿色建筑设计标识证书；江苏省城乡建设系统优秀勘察设计二等奖；江苏省建筑业新技术应用示范工程；江苏省建筑施工标准化星级工地；江苏省建筑业绿色施工示范工程；标准化监理项目；中国医院建设匠心奖；江苏省"扬子杯"优质工程；国家优质工程奖；省级QC成果三篇；实用新型发明专利五项；省级工法二篇。

（刘承飞 黄明 汤新泉）

10. 中城建第十三工程局总部大楼
——中城建第十三工程局有限公司

1 工程简介

中城建第十三工程局总部大楼位于泰州东环高架东侧，凤凰东路北侧，建筑物外立面全部采用幕墙，造型新颖、独特，是泰州市海陵工业园区主要的标志性建筑。本项目总用地面积20015m²，总建筑面积52017.37m²，其中，地下-1层，建筑面积为12194.15m²。地上分为A、B两栋，建筑面积为39823.22m²，A栋主楼地上共17层，建筑高度为69.45m，裙楼地上为3层，建筑高度为13.95m；B栋主楼地上共15层，建筑高度为52.35m，裙楼地上为2层，建筑高度为9.4m；A、B栋在2层处采用钢结构连廊连通（图1、图2）。

图1 俯视图

图2 南立面图

本工程主体结构形式为框架 - 核心筒结构，桩基础采用预应力管桩。工程于2016年10月31日开工，2018年12月28日竣工备案并投入使用。

本工程由中城建第十三工程局有限公司投资建设，中城建（北京）建筑设计有限公司和江苏省建筑工程集团有限公司（地下人防）设计，江苏省岩土工程公司勘察，泰州市第二监理工程有限公司监理，中城建第十三工程局有限公司总承包施工。

2 主要创优策划与措施

2.1 工程管理

项目承建之后，建设单位、承包单位就确定了"确保省优，力夺国优"的总体质量目标。为了实现本工程的质量目标，建立了以公司总工程师为首的创优领导小组和以项目经理为组长的工作小组，由项目技术负责人、专业工程师、质检员、施工员、安全员等管理人员协助管理（图3）。创"国优奖"领导小组通过整合公司技术质量部、技术中心等资源平台对项目部的创优过程进行监督和指导，着重每一个细部，确保整个工程一次成优。

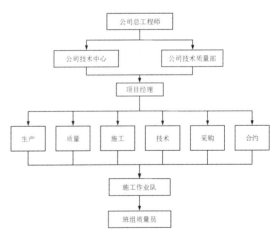
图3 公司创优组织构架

2.2 策划与实施

项目开工伊始便严格贯彻"策划先行，样板引路"的施工理念，严格按照国家及地方标准规范，全过程做到把控细节、一次成优。结合公司《中城建十三局工程创优图例与实用指南》和《中城建十三局工程质量安全手册实施细则》，编制完善了《创国优策划书》，根据现场实际情况，优化了《施工组织设计》和《专项施工方案》，做到策划先行，过程创优。

在项目管理中，通过招标择优选择材料供应商、劳务承包公司、专业分包公司，从源头上把控工程的质量水平。严格执行过程管理制度，把好项目的材料关、技术交底关、技术符合和工序质量验收关。为确保每一个细节把控到位，项目部创优团队对各专业的主要施工节点创优做法进行目标分解和专题剖析交底。

2.3 BIM 技术辅助，施工样板先行

在工程的设备管道安装施工及内、外装饰装修中，建设单位和项目部严格要求各专业施工班组贯彻执行样板引路制度，做到标准、工艺、效果"三统一"，确保工程质量均衡。并在施工前，运用 BIM 技术对关键施工节点和分部工程进行二次深化设计，保证了外立面、屋面、地下室、设备房及卫生间的一次成优（图4～图7）。

图 4 BIM 室内装修

图 5 BIM 管道深化设计

图 6 BIM 室内大厅深化设计

图 7 BIM 外幕墙深化设计

3 工程重难点及新技术的应用

3.1 工程施工的主要难点及技术措施

（1）深基坑工程的施工。工程位于软土地区，地质差，地下管线多，基坑开挖深度为5.20~6.20m，基坑施工难度大。施工中根据工程地质情况对基坑围护进行专项设计，编制专项施工方案，并经专家评审通过后施工，确保基坑施工安全。

（2）超长超厚地下室底板施工。地下室底板长123m、宽105m，核心筒混凝土厚度达1.8m，属于超长超厚结构，施工期间的温度和收缩裂缝控制有较大的难度。施工中应用了混凝土裂缝防治技术，结构无裂缝，确保了地下室不渗不漏。

（3）大面积基坑底板和外墙防渗施工。从钢筋绑扎、抗渗混凝土的配合比、振捣流程、施工分区分段、养护等各项工艺都进行优化和严格控制，使混凝土自防水的底板和墙体抗渗性能良好。

（4）高大模板工程及支撑体系施工。本工程1、2层前厅部位为共享空间，模板支撑搭设高度8.2m，属于超过一定规模的危险性较大的分部分项工程范围，重点控制模板工程及支撑体系（图8）。

（5）主体结构工程施工量大、难度大、工期紧，裙楼平面布局不规则。控制主体施工质量是本工程创优最重要的一环，特别是抓好施工测量放线工作。一是优化施工方案，杜绝走模、模板拼缝不严、混凝土振捣不密实等质量通病，使混凝土内实外光、几何尺寸准确、梁柱节点棱角分明、顺直、平整，达到清水混凝土效果。二是用激光经纬仪、全站仪投测，控制轴线和定位尺寸往上逐层投测，垂直度使用激光垂准仪投测，用吊线法进行相互校核。施

图 8 门厅

图 9 室内实景效果图

工后主体垂直度偏差小于规范值 H/1000，仅为 3.5mm，图 9 为竣工后室内实景效果图，图 10 和图 11 为竣工后室外实景效果图。

图 14　会议室实景图　　图 15　党工活动中心实景图

图 10　西北立面实景图　　图 11　东南面实景图

（6）防水质量要求高。根据工程部位的特点，制定了关键、特殊工序方案，依据方案施工，加大检查监控力度，确保了地下室、屋面、卫生间的防水质量。

（7）大面积的构件式玻璃幕墙施工。本工程 A 栋玻璃幕墙高度 74m，B 栋铝板幕墙高度 56.9m，集成了保温、防水及内外饰面。通过节点部位优化设计，合理设计连接件，降低现场安装难度，专业人员施工，保证了安装的安全与质量（图 12、图 13）。

图 12　幕墙全景效果图　　图 13　幕墙实景图

（8）装饰材料品种繁多、风格迥异。大楼内装饰设计理念超前，整体色调以白色调为主。材料品种多、档次高，订货计划、进货计划、精心选材、精心施工、施工协调及成品保护是本工程的一大难点，图 14、图 15 为装饰效果实景图。

（9）地下室施工建筑面积大、层高高、设备安装标准要求和定位精准度高。地下室集中了给水排水系统、消火栓系统、自动喷淋灭火系统等，消火栓、喷淋头、管道接口多。电缆桥架、通风排烟管道截面积大，交叉结点多。本工程很好地解决了机电安装的一大难点，各种管道设备布置合理，无管道连接接口渗漏影响使用功能等质量通病。所有管道设备均采用明装，管道与支架油漆分色清晰，消火栓、喷淋、排烟、电缆桥架标识清楚，布置一致，成排安装的喷淋头、风口的直线度美观精准（图 16）。

图 16　地下室管线排布实景效果图

（10）工程涉及专业众多，专业设计及施工协调量大，成品保护难度大。施工中加强总承包管理，整个工程质量、安全施工及工程进度均达到了预期目标要求。其中弱电系统包括的专业系统尤其多而复杂，且采用了较为先进的技术，许多设备为进口设备，施工安装要求高，管线敷设复杂。为此施工前，充分考虑了建筑物的形状，兼顾与土建、安装等其他专业密切配合，合理地进行管线的综合布置，特别是信号线缆的抗干扰布置，保证了系统的稳定运行（图 17、图 18）。

图 17　生活水泵房

图 18　消防泵房

图 19　地下室

图 20　沉降观测点

3.2　新技术应用情况

施工中积极应用了住房和城乡建设部推广的建筑业 10 项新技术中的 9 大项 27 小项、江苏省建筑业 10 项新技术中的 6 大项 9 小项，突出应用了"绿色施工技术""防水技术与围护结构"等，同时注重自主技术创新，在施工中不断改进总结技术措施申报了"建筑装饰板打孔装置"专利（专利号：ZL 2017 21476157.7），并将创新成果应用于本工程。在推广应用新技术工作中，组织严密，措施得力，最大限度地节约了资源、保护了环境和减少了污染，取得了明显的经济效益和社会效益。

3.3　工程实施及质量情况

3.3.1　地基与基础工程

本工程共有 508 根预应力混凝土管桩，经检测承载力满足设计要求，桩身完整性检测 508 根，其中Ⅰ类桩 506 根，占检测桩的99.6%；Ⅱ类桩 2 根，占检测桩的 0.4%，无Ⅲ类及以下的桩。

本工程基础结构无裂缝、无变形、地下室无渗漏，基础周边回填土回填密实，无不均匀沉降。±0.000 以上共设有 16 个沉降观测点，经过 12 次观测，累计最大沉降量为 23.1mm，最后 100d 平均沉降速率 0.004mm/d，工程竣工交付使用至今未出现裂缝、倾斜及变形等现象。建筑物沉降均匀、稳定，结构安全可靠（图 19、图 20）。

3.3.2　主体结构工程

框架梁、板钢筋绑扎前，采取排点画线，保证梁主筋、箍筋及板筋间距满足设计要求。

混凝土构件拆模后观感质量良好，结构梁柱节点成型清晰，线面顺直，外光内实，混凝土强度经检测均符合设计要求。

砌体组砌合理，砂浆饱满，灰缝横平竖直，墙面垂直度、平整度均满足设计和规范要求（图 21、图 22）。

图 21　混凝土成型图

图 22　屋面成型鸟瞰图

屋面采用地砖铺贴，铺贴前应用 BIM 技术进行预排版，科学合理，铺贴平整，缝隙均匀（图 23）。屋面坡向正确，排水顺畅，成型美观，处处精雕细琢，体现工匠精神。经多年的使用检验，无任何渗漏，积水现象。

图 23　屋面排砖图

3.3.3　装饰装修工程

1）室外装修

本工程采用玻璃和铝板组合幕墙，幕墙面积共 26042m²，造型美观，结构合理。安装前运用 BIM 技术模拟拼装，精确计算，施工安装牢固精准，弧形流畅，打胶饱满顺直，无色差，整体观感良好。幕墙后置埋件现场拉拔及幕墙性能检测结果等均符合设计及规范要求。经淋雨试验及大风、暴雨考验，无渗漏现象（图 24、图 25）。

图 24　幕墙立面图　　　图 25　幕墙夜景图

2）内部装修

走廊地面石材铺装施工前利用 BIM 技术预排，拼缝均匀，天然石材色泽均匀，无色差、无污染，美观大方，平整度好，细节处理细腻（图 26）。

图 26　走廊地面图

各类会议室、报告厅及活动室设备先进，功能齐全，构造合理，造型新颖，古典与现代风格交相辉映，室内地毯铺贴、吊顶平整一致，

木制品、铝合金制品等高级装饰用材环保，做工细腻、精巧，色泽光亮一致，手感观感宜人（图 27、图 28）。

图 27　活动室　　　图 28　会议中心

楼梯间滴水线槽相结合，石材踏步为工厂定制，做工精细，扶手安装牢固、顺直（图 29）。

室内空间质量经泰州市恒信建设工程质量检查有限公司抽检，室内空气中甲醛、氨、苯、TVOC 和氡气浓度均符合国家规范要求，室内空气质量合格。

3.3.4　建筑给水排水及供暖工程

生活给水排水、消防管道畅通无渗漏，设备运转正常，系统工作可靠。管道安装经 BIM 专业深化设计，排列合理美观、标识清晰明确、工艺精湛（图 30）。

图 29　楼梯间　　　图 30　消防泵房控制柜

3.3.5　通风与空调工程

VRV 空调系统及新风、排风交换处理系统，空调风机安装牢固，减震可靠，支、吊架设置规范、美观，风管位置安装正确，排列整齐，接缝严密，接地可靠（图 31、图 32）。

3.3.6　建筑电气工程

电缆桥架安装横平竖直，螺栓朝向准确，

图 31　屋面正压风机　　　图 32　VRV 空调机柜

桥架连接处跨接线设置符合规范要求，桥架穿墙、穿楼板处防水、防火封堵严密，做法考究。地下室的成品支、吊架设置合理规范，美观大方。

配电柜安装端正、排列整齐、操作灵活可靠，内部接线牢固，标识齐全、导线分色正确，配电柜接线可靠，柜体封闭严密（图 33、图 34）。

图 33　配电柜图　　　　图 34　电气桥架图

3.3.7　智能建筑工程

智能化建筑操作台，设备安装平稳、布置合理，系统运行可靠平稳，操作方便，信息传输准确，流畅（图 35）。

图 35　监控室图

3.3.8　建筑节能工程

本工程设计之初遵循"绿色环保、节能减耗"的理念，外墙采用岩棉保温，内墙采用蒸压加气砖；屋面采用挤塑聚苯乙烯保温板保温；幕墙采用断桥隔热型材，Low-E 中空玻璃。

采用 VRV 空调系统，设置区域控制器和中央控制系统，设备运行平稳，节能舒适。照明系统全部采用 LED 光源，节省能耗；卫生间采用节水型卫生器具，节约水资源。

3.3.9　电梯工程

电梯运行平稳，平层准确，运行噪声低，各控制信号响应灵敏，安全可靠，一次通过电梯专项验收。

3.3.10　工程资料

施工中严格执行资料的规范化管理，工程施工、技术管理资料、材料质量控制资料和试验资料均分册整理，编制了总目标、分目录和卷内目录，资料编目齐全完整，立卷编目清晰明了，装订规范，便于检索，可追溯性强（图 36）。

图 36　工程资料

4　工程获得的各类成果

工程获得的各类成果见表 1。

获奖成果

表1

序号	奖项名称	评奖单位	颁奖时间
1	工程建设项目绿色建造设计水平三等成果	中国施工企业管理协会绿色建造工作委员会	2020.7.21
2	江苏省建筑业新技术应用示范工程	江苏省住房和城乡建设局	2020.7.15
3	2019年度江苏省优质工程奖"扬子杯"	江苏省住房和城乡建设局	2020.4.14
4	泰州市优质工程奖"梅兰杯"	泰州市住房和城乡建设局	2019.7.15
5	江苏省建筑业绿色施工示范工程	江苏省建筑行业协会绿色施工分会	2019.4
6	全国"建设工程项目施工安全生产标准化工地"	江苏省建筑行业协会建筑安全设备管理分会	2018.12.11
7	实用新型专利：建筑装饰板打孔装置	国家知识产权局	2018.6.29
8	2018年度江苏省工程建设优秀质量管理小组Ⅱ类成果奖	江苏省建筑行业协会工程质量建设与技术管理分会	2018.6
9	2017年江苏省建筑施工标准化星级工地（等级：★★★）	江苏省住房和城乡建设局	2018.5
10	泰州市优质结构工程荣誉证书	泰州市优质结构工程评选领导小组	2017.10.26

（鞠林群　朱文红　李勇）

11. 常州市武进人民医院外科综合大楼
——常州第一建筑集团有限公司

1 工程简介

1.1 工程基本情况

常州市武进人民医院是三级乙等综合性医院，本工程位于武进人民医院院区东北侧。东邻竹林西路，北邻北塘河路，南邻永宁北路，西邻沪宁铁路。项目总用地面积约 4.81 公顷（1 公顷 =0.01km²），是一栋集急诊、医技办公、住院护理为一体的现代化、智能化医疗综合体建筑（图 1、图 2、表 1）。

图 1 南立面全景图

图 2 北立面全景图

建设概况表			表 1
建筑总面积	53789.86m²	地下面积	4939.25m²
		地下面积	48850.61m²
占地面积	5200m²	建筑总高度	79.5m
建筑层数	-1/19 层	结构形式	框架剪力墙结构
总投资金额	4.4 亿元	设计使用年限	50 年
开工时间	2016 年 5 月 6 日	竣工时间	2019 年 10 月 28 日

工程总投资约 4.4 亿元，于 2013 年 1 月 15 日立项，2016 年 4 月 29 日取得施工许可证，2016 年 5 月 6 日开工建设，2019 年 9 月 17 日完工，2019 年 10 月 28 日工程竣工验收，2019 年 11 月 21 日竣工验收备案并交付使用。

1.2 工程建设责任主体

建设单位：常州市武进人民医院

监理单位：江苏安厦工程项目管理有限公司

设计单位：山东省建筑设计研究院有限公司

勘察单位：常州市中元建设工程勘察院有限公司

施工单位：常州第一建筑集团有限公司

参建单位：江苏新有建设集团有限公司

江苏环亚医用科技集团股份有限公司

质量监督单位：常州市建设工程管理中心

2 精品工程创建过程

2.1 创优策划

2.1.1 明确质量目标

工程开工前，根据施工合同及企业创精品工程的要求，明确了创建江苏省"扬子杯"优质工程，争创"国家优质工程奖"的质量目标。同时与各参建单位达成共识，凝心聚力，坚定信心。各参建单位选派精兵强将，严格管理，精心组织施工。

2.1.2 建立创优领导小组

为确保实现创优目标，成立了以总承包单位为核心的创优领导小组，认真进行创优策划，实施目标管理，落实质量责任制，从组织机构职责、工作程序和资源等方面构成了保证施工质量的有机整体，使每个员工都清楚自己在质量工作中应承担的职责。

2.1.3　建立健全管理体系

严格按照 ISO9001 标准的要求，建立了以总承包单位为核心的质量管理体系和质量保证体系，并将设计、监理、分包等单位纳入这个体系之中，签订创优责任状，并将创优目标分解，确保设计、施工的质量均处于过程受控状态。

2.1.4　坚持创优策划先行

精心策划，依托技术创新，打造精品工程。认真按创"国优"和"江苏省新技术应用示范工程"的要求，策划好每一道施工工序，将策划的结果形成施工方案，并做好施工技术交底，通过超前的质量策划、施工方案、过程监控等环节，将质量问题消灭在萌芽状态。

2.2　过程控制

2.2.1　坚持实行样板开路

坚持实行样板开路，BIM 辅助精准控制，屈曲约束支撑系统、砌体工程、屋面防水、石材幕墙、机电安装等重要工序难点均先做样板，通过样板施工总结施工工艺、材料标准、观感质量等要求，经创优领导小组评审通过后方可组织大面积施工。对工程质量实施过程控制、监督检查、考核和评价，利用内部和外部的审核及时发现问题，持续改进，确保工程质量全过程处于受控状态，达到质量预控的效果。

2.2.2　全面推行 PDCA 循环的工作方法

按照计划、执行、检查、处理这样四个阶段来开展管理工作（图 3）。在质量管理活动中，要求把各项工作按照计划，经过实践，再检验其结果，将成功的方案纳入标准，将不成功的方案留待下一个循环去解决，持续改进、不断提高工程质量。

2.2.3　落实质量控制措施

恪守"精心施工、创优质工程；持续改进、让顾客满意"的质量方针，着眼于保证每道工

图 3　管理工作表

序的质量来确保产品质量，达到预期的质量控制目标。从"质量管理预控"入手，严格按"国优"工程的质量要求，制定质量通病治理措施，坚持"三检制度"，严格控制每道工序的质量，从严把好验收关，保证工程质量一次成优。

2.2.4　坚持科技创新

公司秉持"开创、厚德、敬事、和谐"的企业精神，开展 QC、工法、新技术等质量小组活动，实行科技攻关。积极推广应用工程专利及工法，为创优提供机制保证。创优小组以保证、改进质量为目标，围绕施工现场中所存在的质量问题，开展质量管理活动。项目工程质量策划时明确项目攻关方向，形成攻关课题，明确施工过程的质量控制重点（工序或部位），强化工序质量控制，对易发生质量通病部位的施工工艺进行优化，要求在不合格品发生之前，及时地加以处理和控制，有效地减少和防止不合格品的产生。

3　工程施工难点、技术创新

3.1　工程施工难点

（1）本工程施工地点在老城区，施工场地狭小，基坑平均深度达到 7.2m，最深达 8.6m；拟建外科综合大楼北侧距北塘河约 15m，东侧距竹林西路约 20m，南侧距已建门诊楼最近约

10m，西侧距已建中心药房最近仅 3m，因此，基坑安全要求高，危险系数大。采用管井、轻型井点降水、土钉墙、SMW+ 加筋水泥土预应力锚索支护、三轴搅拌桩内插 H 型钢等多种支护形式，成功克服了水位高、土质差、场地狭小的施工难点。

（2）地下室单层约 4939.25m²，底板厚度主楼区域为 1.6m，裙房区域为 1.0m，后浇带、膨胀加强带、施工缝、变形缝数量多、变化大，如何控制混凝土结构裂缝和变形缝的有效性，确保地下室无渗漏是难点，我们采用高效混凝土膨胀剂、补偿收缩混凝土等技术，精心施工变形缝等，有效防止了混凝土开裂和渗漏等质量通病。同时整个工程的柱采用薄膜包裹养护，板采用毛毯覆盖养护，剪力墙涂刷养护液养护（图4、图5）。

图4 结平板表面覆盖毛毯养护　　图5 薄膜包裹养护

（3）本工程造型独特，为最大限度地布置裙房面积，6 层高的裙房有力补充和提高了医院医技用房短缺的情况，并串联原有病房楼和门诊楼，使之成为功能布局合理、运行高效的医疗综合体。经过形体推敲，主楼病房层平面形态通过对矩形切角，最终采用了近似"⌣"形的布局。施工定位放线是主体施工的重点和难点（图6）。

（4）在裙房大空间中，1~6 层在框架结构设计中设置部分屈曲约束支撑，并采用组合式

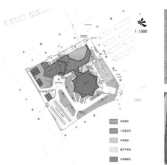 

图6 采用高精度 GNSS 卫星接收机定位放线

可拆卸通长丝对拉螺杆及螺母在主体框架梁柱节点处安装固定，既能起到类似于剪力墙等提高结构抗扭刚度的作用，全面提高本工程在中震和大震下的抗震性能，又减少了对建筑使用功能的影响。另外，屈曲约束支撑的耗能能力，可以在结构中充当"保险丝"，使得主体结构基本处于弹性范围内。屈曲约束支撑的应用，可以全面提高本工程在中震和大震下的抗震性能。

（5）管线布置综合平衡施工及系统调试。本建筑系统功能多，深化设计、系统调试难度大，要在有限的空间内布置消防给水、喷淋给水、强电、弱电、通风、空调、电信、网络等系统，管线布置难度大，同时要满足装饰吊顶的高度和造型，各系统预先进行布置设计，不仅要满足规范要求，还要做到各系统间互不干扰。水电安装预埋位置准确、固定牢固、封堵严密，套管焊缝饱满，预埋节点处理符合要求（图7）。

图7 BIM 应用及现场管线敷设

3.2 新技术应用

在施工过程中，我们积极推广应用了住房和城乡建设部的建筑业 10 项新技术和其他四新技术，提高了工程的科技含量，节约了资源，加快了进度，确保了工程质量，取得了良好的经济效益和社会效果。本工程已通过"2020年度江苏省建筑业新技术应用示范工程"验收，推广应用了"住房和城乡建设部 10 项新技术"中的 9 大项，16 小项和"江苏省建筑业 10 项新技术"中的 4 大项 7 子项，国内领先，取得经济效益 100 万元（表 2）。

3.3 工程获奖情况

获奖情况见表 3。

新技术应用情况一览表 表 2

序号	项目名称	分项名称
	应用住房和城乡建设部建筑业 10 项新技术中的 9 大项，共 16 子项	
1	1 地基基础和地下空间工程技术	（1）1.6 复合土钉墙支护技术； （2）1.7 型钢水泥土复合搅拌桩支护结构技术
2	2 混凝土技术	（3）2.6 混凝土裂缝控制技术
3	3 钢筋及预应力技术	（4）3.1 高强钢筋应用技术； （5）3.3 大直径钢筋直螺纹连接技术
4	5 钢结构技术	（6）5.1 深化设计技术
5	6 机电安装工程技术	（7）6.1 管线综合布置技术； （8）6.2 金属矩形风管薄钢板法兰连接技术
6	7 绿色施工技术	（9）7.2 施工过程水回收利用技术； （10）7.3 预拌砂浆技术； （11）7.5 粘贴式外墙外保温隔热系统施工技术
7	8 防水技术	（12）8.7 聚氨酯防水涂料施工技术
8	9 抗震加固与监测技术	（13）9.1 消能减震技术； （14）9.7 深基坑施工监测技术
9	10 信息化应用技术	（15）10.3 施工现场远程监控管理及工程远程验收技术； （16）10.4 工程量自动计算技术
	应用江苏省建筑业 10 项新技术中的 4 大项，共 7 小项	
序号	项目名称	分项名称
1	1 地基基础与地下空间工程技术	（1）1.3 地下水控制技术
2	5 建筑施工成型控制技术	（2）5.1 混凝土结构用钢筋间隔件应用技术； （3）5.2 模板固定工具化配件应用技术； （4）5.4 耐磨混凝土地面技术； （5）5.6 原浆机械抹光技术
3	6 建筑涂料与高性能砂浆新技术	（6）6.3 高性能砂浆技术
4	9 废弃物资源化利用技术	（7）9.2 工地木方接木应用技术

获奖情况表 表 3

工程设计	全国工程建设项目设计水平三等成果
工程质量	2021 年度"国家优质工程奖" 2021 年度江苏省"扬子杯"优质工程
新技术应用	2020 年度江苏省建筑业新技术应用示范工程

续表

发明专利	《屈曲支撑组合式预埋件施工方法》获 2019 年度国家发明专利奖
QC 成果	《提高复杂环境下多种支护组合施工》课题，获得二〇一六年全国工程建设优秀 QC 小组活动成果三等奖； 《屈曲支撑安装焊接质量控制》获得 2018 年江苏省工程建设优秀质量管理小组Ⅲ类成果
工法	《屈曲约束支撑组合式预埋件施工工法》被评为 2017 年度省级工法
论文	《内爬自升式混凝土布料机施工技术》获得江苏省优秀论文二等奖 《屈曲支撑吊装施工技术》《屈曲支撑安装焊接质量控制施工技术》获得江苏省优秀论文三等奖
安全文明施工	2017 年度江苏省建筑施工标准化星级工地

4 创优工作的实施效果

4.1 基础分部

地下室底板、墙板、顶板采用后浇带和膨胀加强带相结合的方式，认真施工地下防水层、钢板止水带、橡胶止水带、施工缝、后浇带、穿墙管道等细部节点，确保整个地下室底板、外墙、顶板均无渗漏（图 8）。

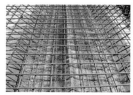

图 8 地下室底板

4.2 主体分部

（1）主体结构构件几何尺寸准确，梁柱节点方正，棱角清晰，混凝土表面平整，色泽一致，观感良好，实体结构检测均符合设计要求（图 9）。

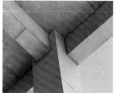

图 9 梁柱节点

（2）楼梯采用封闭式定型铝模板施工，踏步阳角采用定制阴角条倒圆角，拆模后阴阳角顺直清晰，表面平整、光洁、踏步高度一致，外观质量好（图 10）。

图 10 楼梯

（3）主体结构中设置部分屈曲约束支撑，并采用组合式可拆卸通长丝对拉螺杆及螺母在主体框架梁柱节点处安装固定，全面提高本工程在中震和大震下的抗震性能，又减少了对建筑使用功能的影响（图 11）。

图 11 屈曲约束支撑系统应用

（4）砌体工程表面平整，梁底采用专用斜砖和预制混凝土三角砖后塞法施工，墙面达到清水墙效果（图 12）。

图 12　砌体工程（一）

（5）二次结构马牙槎竖向挂线，进退尺寸统一，构造柱混凝土浇捣密实，棱角分明，砌体墙体无螺杆孔，马牙槎形态清晰（图13）。

图 13　砌体工程（二）

4.3　建筑装饰装修分部

（1）卫生间墙、地砖对缝铺贴，洁具位置准确，排列整齐、美观，周边打胶光滑，地漏居中安装、排水通畅、观感舒适（图14）。

图 14　卫生间

（2）楼梯石材精心排版，对称铺贴，踢脚线出墙厚度一致、上口平直、拼缝均匀（图15）。

图 15　楼梯

（3）顶棚吊顶预先采用计算机排版，施工对缝、对中、对称、美观大方（图16）。

图 16　顶棚吊顶

（4）根据各病区的不同功能，不同楼层采用不同颜色的涂料墙面及PVC地坪，色彩柔和、观感舒适，在视觉上给人一种祥和安静的感觉（图17）。

图 17　各病区

（5）楼面地砖预先排版策划放线，铺贴对称，表面洁净，色泽一致，接缝平直（图18）。

图 18　楼面地砖

（6）不同装饰材料交接部位，采用打胶、木压条、不锈钢卡槽等进行细节处理（图19）。

（7）室内装饰美观、简洁、大方，病房、手术室均按照洁净要求装饰，给患者一种祥和安逸的视觉效果（图20）。

图 19　不同装饰材料交接

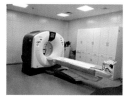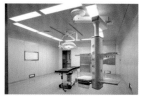

图 20　室内装饰

（8）会议室及报告厅装饰简洁大方，庄重严肃，色彩搭配合理，隔声效果好（图 21）。

图 21　会议室及报告厅

（9）信息化机房地面采用静电地板铺设，智能化恒温控制，整体简洁大方（图 22）。

图 22　信息化机房

（10）两层通高的出入院大厅采用凹入式设计，充分吸纳人流的同时，与主建筑形成一体，宽敞明亮的大厅，给人以视觉上的冲击，

结合医疗街内部的竖向交通，起到快速分散人流的作用（图 23）。

图 23　出入院大厅

（11）急诊大厅地面采用不同颜色的波导线铺贴，使整个地面灵动且起到引导作用，引导患者更快捷的就诊（图 24）。

图 24　急诊大厅

（12）地下室地坪浇筑平整，标识线划分合理，地面紧密、光洁、色泽一致（图 25）。

图 25　地下室地坪

（13）汽车坡道采用低噪减震止滑坡道，坡道线条具有导向性、色彩美观、醒目、防滑性能好（图 26）。

（14）沉降观测点采用定制铜质保护盒，观测点位置设计合理，盖板安装牢固，标识规范美观，测量端口可拆卸（图 27）。

图 26　汽车坡道

图 27　降观测点

（15）地下室机房门口台阶处设置不锈钢护栏，门口设置不锈钢防鼠板（图 28）。

图 28　地下室机房门口

4.4　屋面分部

（1）屋面防水保护层采用彩色广场砖铺贴，广场砖分格缝设置合理，泛水坡度符合要求；面砖表面平整、光洁，无裂缝；分格缝油膏嵌缝密实、顺直（图 29）。

图 29　屋面（一）

（2）屋面天沟设置顺直、美观无积水；落水口采用球形不锈钢防堵塞罩，排水通畅，整个屋面无渗无漏（图 30）。

图 30　屋面（二）

（3）屋面排气管设置合理，间距及高度符合规范要求，采用成品 T 形不锈钢排气管，根部为圆柱形混凝土护脚，阴角均用防水油膏嵌填密实（图 31）。

图 31　屋面（三）

（4）屋面外落水管下口设置成品石材水簸箕，保护屋面防止冲刷，美观实用（图 32）。

（5）屋面女儿墙泛水采用组合式不锈钢泛水板保护，封口打胶顺直、美观（图 33）。

图 32　屋面（四）　　　图 33　屋面（五）

（6）屋面机房层采用不锈钢爬梯，高度设置符合规范要求，安装牢固可靠（图 34）。

（7）屋面桥架、管道、伸缩缝采用成品不锈钢过桥，保护屋面管道，防止踩踏，美观大方实用（图 35）。

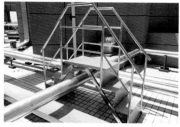

图 34 屋面（六）图 35 屋面（七）

（8）屋面构架梁采用铝板、真石漆装饰，不同材料交接处采用防水耐候胶分隔，打胶顺直美观。构架、雨棚滴水线顺直通畅，深度一致，平整均匀（图 36）。

图 36 屋面（八）

4.5 建筑给水排水

（1）消防泵房成排敷设的管道线路充分考虑间距标高，横平竖直、整齐划一，标识标牌醒目，运行平稳（图 37）。

图 37 泵房管线（一）

（2）各种管道功能、走向标识清晰、穿墙封堵严密可靠（图 38）。

（3）地下室泵房设备安装整齐，设备基础四周设置不锈钢排水沟，各排水沟相互联通，排水通畅（图 39）。

（4）地下室管道采用综合支架布置、整齐划一。

图 38 泵房管线（二）

图 39 泵房管线（三）

（5）屋面太阳能集热器布局合理、管道保温美观（图 40）。

图 40 屋面太阳能

（6）设备机房管道保温外包铝板保护壳，做工美观、标识清晰（图 41）。

（7）消防箱进箱主管预留孔封闭严密（图 42）。

4.6 建筑电气

电箱接线规范、接地可靠（图 43）。

图 41　设备机房管道

图 42　消防箱　　　　　图 43　电箱

4.7　智能建筑

（1）高压细水雾控制箱内接线布局合理（图 44）。

图 44　高压细水雾控制箱

（2）消控室视频监控显示齐全、图像清晰，各单元运行稳定（图 45）。

图 45　消控室视频监控

4.8　通风与空调

（1）屋面风机安装牢固、出墙封堵美观、防水可靠，接线规整（图 46）。

图 46　屋面风机

（2）地下车库风管安装平整牢固、接缝严密（图 47）。

图 47　地下车库风管

4.9　电梯

室内各电梯运行平稳，开关灵敏，平层准确（图 48）。

图 48　电梯

5　结束语

常州市武进人民医院外科综合大楼及医疗中转房项目投入使用，是常州市医疗系统建设的又一个重大进展。急诊、医技、住院一起亮相，有效提升了武进人民医院的医疗服务水平。

工程交付使用以来，地基基础稳定，结构安全可靠，设备运转正常，安全及使用功能满足设计要求，我公司积极做好后续服务工作及回访维修工作，得到了社会各界的一致好评，建设单位非常满意！

（季洪波　王青）

12. DK20150084 地块同程网数据研发中心·办公楼

——中亿丰建设集团有限公司

1 工程概况

工程位于苏州市工业园区，是一座集办公、会议及配套功能为一体的综合性办公楼，工程总投资 4.5 亿元。作为同程网自用办公楼，实现年服务客户 3000 万，年营业收入 100 亿元。

本工程建筑面积 109359.76m²，地下 48755.19m²，地上 60604.57m²。地下 –3 层，地上 1 层，建筑高度 49.05m。其中地下室为车库、设备用房。地上主要为报告厅、企业展厅、会议室、大开间办公室（图 1）。

工程于 2017 年 10 月 20 日开工，2020 年 4 月 24 日竣工。工程伊始就明确"国家优质工程"的质量目标。

图 1　同程网数据研发中心办公楼

2 参建单位

参建单位见表 1。

参建单位表　　　　　表 1

建设单位	同程网络科技股份有限公司
设计单位	中衡设计集团股份有限公司
监理单位	苏州建筑工程监理有限公司

续表

	中亿丰建设集团股份有限公司（总包）
施工单位	苏州市中远机电设备安装工程有限公司（参建）
	无锡市工业设备安装有限公司（参建）
	苏州市华丽美登装饰装璜有限公司（参建）
	苏州中亿丰科技有限公司（参建）
	钟星建设集团有限公司（参建）

3 工程重点、难点

3.1 大跨度铝包钢横明竖隐玻璃幕墙施工

报告厅、主体挑高空间区域采用横明竖隐玻璃幕墙，该部分幕墙面积约 5000m²，立柱竖向设置，最大跨度 10.5m，对立柱材料强度要求高（图 2）。

解决措施：

（1）采用刚度更大的 Q235B 级，截面 60×（60+120）×5 热浸镀锌钢管作为受力构件，部分立柱采用双拼方钢管，满足立柱强度要求；

（2）方钢管外包同质铝合金，保持原有立面效果延续。

图 2　大跨度铝包钢横明竖隐玻璃幕墙

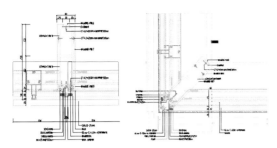

图 2　大跨度铝包钢横明竖隐玻璃幕墙（续）

3.2　超低地下室机电安装

地下车库最小层高 2.7m，为满足车库使用功能要求，净高不得小于 2.2m，因此超低层高下的机电管线安装难度较大（图 3）。

图 3　机电管线

解决措施：

（1）梁板采用井字肋型梁板结构设计，双向传力，降低梁截面高度；

（2）管道合理排布，尽量避免交叉；

（3）喷淋采用枝状管网，全部穿梁设置。喷淋管不低于梁底，主管穿梁处局部加高。

3.3　大型多功能数据中心机房精密空调施工技术

多功能数据中心机房总面积约 700m²，149 台服务器箱柜、6800 个综合布线点位、4800 条管路，系统多、专业性强。机房硬件集中散热，对温度控制要求高。需保证机房 24h 运行平稳、可靠（图 4）。

解决措施：

（1）相邻机柜共用冷冻水型机房空调机组，29 台专用行间精密空调，每个行间 3 用 1 备高效降温，节能效果显著；

（2）室外主机采用 2 用 1 备风冷磁悬浮

带自然冷源冷水机组，10%~100% 无极调节能力，更宽的调节范围利用自然冷源制冷时间比传统机组更长，节能效果显著；

（3）空调水管路系统为闭式两管制一次泵变流量系统，在室外冷源侧采用双回路，所有主管道和末端管道均采用双回路，能够满足通信机房在线维护需求。

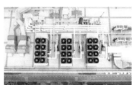

图 4　大型多功能数据中心机房精密空调

4　设计亮点

4.1　现代化建筑造型

以现代化盒子为造型，在盒子里做减法，挖出休息平台和渗透空间，双中庭设计，通透明亮。立面上，利用釉点玻璃强调横向线条以削弱整体造型的高度（图 5）。

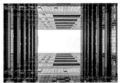

图 5　现代化建筑

4.2　中庭大开洞抗震设计

塔楼各层中庭大开洞，通过提高洞口两侧单跨框架抗震等级，1~4 层 10 轴 /CD 轴、GH 轴设置钢支撑，控制楼层位移比。确保结构安全可靠（图 6）。

4.3　报告厅大小厅设计

一楼西侧 700 人报告厅，通过设置活动隔断，并配置 2 套独立的影音视频及舞台灯光系统，使报告厅可同时分割场景使用，互不影响；

不考虑偶然偏转联抗震分析考虑偶然偏转联	方向		T_1 (s)		F_{EK} (kN)	F_{EK}/Geq	ΔU_e (mm)	ΔU_e/h
	横向		0.95		7157	2.00%	5.5	1/1154
	纵向		0.91		7187	2.01%	5.0	1/1267
	振型号	T(s)	转角	扭转系数	方向	F_{EK} (kN)	F_{EK}/Geq	ΔU_e (mm)	ΔU_e/h
	1	1.51	0.3	0.00	横向	27853	3.51%	4.2	1/995
	2	1.45	90	0.07	纵向	28029	3.53%	5.2	1/803
	3	1.33	90	0.90	地震作用最大方向: 171

图 6 中庭大开洞抗震设计

EASE 声学分析,确定扬声器安装位置、角度等(图 7)。

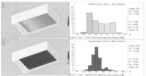

图 7 报告厅大小厅设计

4.4 健康建筑

中庭庭院式布局,空间更通透、采光更充分,营造舒适办公环境。3 楼空中休息平台营造室外休息空间,各类休闲活动场所及母婴配套等设施体现人文关怀(图 8)。

图 8 庭院式布局

5 科技创新成果

5.1 SCADA 机电管家系统

机电管家监控管理系统是以 BIM 为直观的人机(HMI)操作界面,具备与地理信息系统(GIS)整合的功能,将楼宇自控与工控软件功能相结合,具备能耗分析与管理控制功能、设备可靠度分析执行预测维修功能,通过远程信息管理系统的建设,提高管理效率(图 9)。

图 9 SCADA 机电管家系统

5.2 BIM 建造技术

应用 BIM 技术,屋面面砖自动排版,自动划分分隔缝,同时对于女儿墙、设备基础、排水沟等部位面砖进行优化,快速生成的三维、二维图纸,更加直观。项目全过程专业集成,可视建造,运用 BIM 技术解决施工难点,对于复杂内装节点,可视化交底,提高施工效率(图 10)。

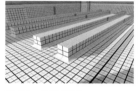
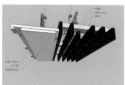

图 10 BIM 模型

6 新技术应用

本工程施工中积极推广应用了住房和城乡建设部建筑业 10 项新技术(2017 版)8 大项 16 小项,江苏省 10 项新技术(2011 版)4 大项 7 小项,并通过了"江苏省新技术应用示范工程"验收,达到省内领先水平。

7 工程质量情况

7.1 地基与基础工程

基础采用桩筏基础,主楼 577 根 ϕ600mm 预应力混凝土管桩,抗压检测 7 根,静载检测合格,小应变全数检测,其中 I 类桩占 98.9%,无 III、IV 类桩。地库 1293 根 400mm×400mm 预制方桩,抗压检测 13 根、抗拔检测 13 根，承载力检测合格，小应变检测 388 根，其中Ⅰ类桩占 95.1%，无Ⅲ、Ⅳ类桩（图 11）。

图 11　地基与基础

工程共设置 22 个沉降观测点，最大累积沉降量 31.41mm，最近一次的最大沉降速率为 −0.005mm/d，沉降已稳定，符合设计及规范要求（图 12）。

图 12　沉降观测点

7.2　主体结构工程

混凝土强度试块标养 553 组，同养 131 组；钢筋总用量 8107.89t，钢筋原材料进场检测 317 组，电渣压力焊连接检测 19 组，直螺纹机械连接检测 513 组，检测结果全部合格，结构实体检测合格（图 13）。

图 13　主体结构

钢结构总用钢量 409t，344 件钢构件，现场安装一次成优。448 条Ⅰ级焊缝，焊缝饱满，波纹顺直，过渡平整，焊缝超声波检测合格。

5950 颗高强度螺栓，全数进行扭矩检测，检测结果满足规范要求（图 14）。

图 14　主体结构检测

7.3　建筑装饰装修工程

建筑幕墙由玻璃幕墙、铝单板幕墙组成，框架式玻璃幕墙约 27000m²，铝包钢玻璃幕墙约 5000m²，铝单板幕墙约 8000m²，安装精确，节点牢固，胶缝饱满顺直，幕墙四性检测符合规范及设计要求（图 15）。

图 15　建筑幕墙

146210m² 涂料墙面，表面垂直平整，阴阳角方正；726m² 干挂石材墙面，安装牢固，色泽一致；750m² 木饰面墙面，1976m² 布艺墙面，接缝顺直，缝宽均匀（图 16）。

图 16　墙面

2763m² 石材地面，12168m² 瓷质砖地面，防碱背涂处理，拼缝严密、纹理顺畅；22722m² PVC 地胶地面，6055m² 地毯地面铺设平整（图 17）。

图17 地面

7592m² 石膏吊顶，2167m² 铝板吊顶，接缝严密，灯具、烟感探头、喷淋头、风口等位置合理美观，与饰面板交接吻合、严密；4831m² 格栅吊顶，顺直，对接牢固（图18）。

图18 吊顶

7.4 屋面工程

屋面采用 1.8mm 厚聚氨酯防水涂膜 +1.2mm 厚高分子自粘防水卷材，地砖面层，防水等级Ⅰ级。保温层采用 100mm 厚挤塑聚苯板（图19）。防水节点规范细腻，防水工程完工后经闭水试验，使用至今无渗漏。

图19 屋面

7.5 给水排水工程

84199m 管道布局整齐，支架设置合理，安装牢固，标识清晰。给水排水管道安装一次合格，主机房设备布置合理，74组水泵设置整齐，安装规范美观，固定牢靠连接正确（图20）。

图20 给水排水工程

7.6 通风与空调工程

支、吊架及风管制作工艺统一，73052m² 风管及空调管道连接紧密可靠，风阀及消声部件设置规范，各类设备安装牢固、减振稳定可靠，运行平稳（图21）。

图21 通风与空调工程

7.7 建筑电气工程

母线、槽盒安装横平竖直；防雷接地规范可靠，电阻测试符合设计及规范要求；203个箱、柜接线正确、线路绑扎整齐；灯具运行正常，开关、插座使用安全（图22）。

图22 建筑电气工程

7.8 智能化建筑工程

智能化子系统多重安全方案，高效数据管理，设备安装整齐，维护和管理便捷，布线、跳线连接稳固，线缆标号清晰，编写正确；系统测试合格，运行良好（图23）。

7.9 建筑节能工程

幕墙采用 Low-E 中空玻璃 + 铝合金断桥隔热型材。选用节能型灯具，智能控制。空

图 23　智能化建筑工程

调水泵机组变频控制，管道保温严密。节能工程所用材料均符合设计和规范要求，围护结构节能构造现场实体检测，符合设计要求（图 24）。

图 24　建筑节能工程

7.10　电梯工程

工程共设置 20 台直梯，电梯前厅简洁大方，电梯运行平稳、平层准确、安全可靠（图 25）。

图 25　电梯工程

8　工程特色及亮点

（1）大开间办公室，空间通透、明亮，采用不同色彩区分办公功能。高大空间新风系统侧向出风，经济、高效（图 26）。

（2）地下室大面积防滑环氧地坪平整、无裂缝。车位、行车区、人行区分色划分，地面

图 26　大开间办公室

图 27　大面积防滑环氧地坪

线路标识准确（图 27）。

（3）大面玻璃幕墙通透明亮，铝板与玻璃幕墙组合，丰富建筑立面形式，凸显企业特色（图 28）。

图 28　大面玻璃幕墙

（4）主楼屋面砖分色铺贴，坡向正确，排水通畅、无积水、无渗漏，设备布局合理、安装规范（图 29）。

图 29　主楼屋面

（5）楼梯间面砖排版合理、对缝铺贴，滴水线清晰顺直（图 30）。

图30 楼梯间

（6）大厅宽敞明亮，地面米白色石材铺贴平整，拼缝严密顺直。木饰面墙面接缝顺直、缝宽均匀。大厅整体色调协调一致，顶地呼应（图31）。

图31 大厅

（7）企业展厅多层板＋石膏板双曲形圆柱，造型新颖，弧线顺滑。展厅多媒体展示、数字化集成，科技感强（图32）。

图32 展厅

（8）涂料、艺术墙面表面平整，阴阳角方正。挑高办公空间木饰面楼梯，简洁实用，丰富空间使用功能（图33）。

（9）报告厅前厅大面积地砖铺设平整，弧形色带对接精准，拼缝严密，合理设置伸缩缝（图34）。

（10）卫生间地面坡度正确，无积水、无渗漏，墙地砖对缝镶贴、地漏套割精细、洁具

图33 墙面、楼梯

图34 前厅

居中布置（图35）。

（11）标准层走廊长度145m，走廊采用超长铝方通吊顶，定制专用接头卡对接，顺直整齐，45°转角工厂定制，拼缝严密（图36）。

图35 卫生间

图36 标准层走廊

（12）圆柱饰面平整、顺滑，拼缝严密，顶地不同材质收口做法考究、精细（图37）。

图37　圆柱

（13）中庭内侧玻璃幕墙采用平推式开启窗，侧向通风，节能效果显著（图38）。

图38　中庭内侧玻璃幕墙

（14）机电管线排布层次清晰，间距均匀，标识正确清晰，穿墙封堵严密，铝皮虾弯、收口做工精致（图39）。

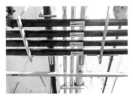

图39　机电管线

（15）消防泵房布局合理，螺母装饰帽美观精致（图40）。

图40　消防泵房

（16）电热水不锈钢软管连接，整齐一致。开关插座端正，标高一致（图41）。

图41　电热水不锈钢软管及开关插座

（17）明杆闸阀杆采用透明套管保护，开启状态清晰可见（图42）。

图42　明杆闸阀杆

（18）地下 -2、-3 层采用无风管式排烟，结构梁作为储烟仓，利用导流风机将烟气引至排烟口排出，确保了超低层高下的地下室使用功能（图43）。

图43　无风管式排烟

9　节能减排

项目设计开始就充分考虑到建筑运营的节能要求，采用多项绿色建筑技术，有效地降低了能耗，荣获二星级绿色建筑设计标识（图44）。

热水采用集中式太阳能系统预热，辅助加热供应热水

设置雨水收集回用系统用于绿化浇洒、冲洗用水

通过下凹绿地、透水铺装等渗透措施，控制雨水外排流量

设置保温层，幕墙采用断热铝合金，Low-E 玻璃透射比 ≤ 0.2

地下室、餐厅、会议室等设置 CO、CO_2 浓度传感器，联动新排风量

太阳能光伏系统与低压配电系统联网供电

采用节能灯具，照明分时、感应控制

采用中央空调变流量优化系统实现冷热源机电设备的自动控制

采用多联机＋全热交换新风换气机（HRV），全热回收率 ＞ 0.65，减少新风能耗

水泵变频控制，照明集中控制

图 44 绿色建筑技术

10 工程获奖情况

本工程在建设过程中，获得 2020~2021 年度国家优质工程奖、2021 年中国施工企业管理协会工程建设项目设计水平评价三等成果、全国工程建设质量管理小组 II 类成果、江苏省"扬子杯"、2018 年度江苏省建筑施工标准化星级工地、二星级绿色建筑设计标识、江苏省建筑业绿色施工示范工程、江苏省新技术应用示范工程、省级工法 1 项、实用新型专利 5 项（图 45）。

图 45 工程获奖

（黄俊杰　王震　陆康）

13. 仙林新所区 A 地块土建安装施工总承包
——中建八局第三建设有限公司

1 工程简介

仙林新所区建设项目 A 地块土建安装施工总承包项目位于南京市栖霞区仙林副城麒麟片区，靠近灵山，汇通路以东，麒麟路以北。总建筑面积为 308018.06m²，其中地上建筑面积 188954.06m²，地下建筑面积 119064m²，A1 主楼建筑高度 55.8m（图 1~图 3）。由中国电子科技集团第二十八研究所建设，中建八局第三建设有限公司总承包施工，2017 年 3 月 28 日开工，2020 年 5 月 25 日竣工。质量目标：国家优质工程奖。A1 科研主楼主体为框架结构、局部钢结构，地下 -22 层，地上 12 层，设有给水排水、通风与空调、电气、智能等系统。

建筑防火等级：一级。地下室、屋面防水等级：一级。地下车库耐火等级：一级。设计使用年限：50 年以上。抗震设防烈度：7 度。人防等级：甲类六级。

项目以"引山入园，科技绿谷"为设计理念，致力于打造"国内技术水平最先进，生态环境最优美"的系统工程软件研发中心。

工程荣获 2021 年国家优质工程奖、市优质结构、市优"金陵杯"、省优"扬子杯"、全国绿色施工示范工程、江苏省建筑施工标准化星级工地（三星）、新技术应用示范工程、江苏省"数字工地 智慧安检"示范项目、江苏省优秀设计二等奖、全国 QC 二等奖等奖项。

第二十八研究所是推进我军信息化建设的核心骨干企业，承担着多个重大军转民项目，与此同时还有力地支持着江苏省、南京市等地方经济建设，所以本工程自开工以来就受到社会各界的广泛关注。

2 精品工程建设过程的质量管理

2.1 参建各方的质量管理

2.1.1 建设单位的质量管理

（1）实施建设项目全过程目标管理，建立完善质量管理构架。

（2）制定行之有效的质量管理制度，采取切实有效的措施实行动态控制。

（3）优化设计方案及施工工艺、推广标准化设计，强化现场质量控制。

（4）创新"一事一验一签字"管理模式，统一管理标准和要求，实现可视化管理（图 4）。

2.1.2 设计单位的质量管理

（1）实施前组建优秀设计团队，减少各专业之间的矛盾。

图 1 项目整体效果图

图 2 项目整体航拍实景图

图 3 工程 A1 主楼南立面实景图

"一事一验一签字"创新管理模式在桩基工程中研究和应用

一、"一事一验一签字"创新管理模式在桩基工程中的实施背景

（一）项目质量目标的要求

中国电子科技集团公司第二十八研究所仙林新所区建设项目位于仙林大学城麒麟片区灵山南路，占地 300 亩，总建筑面积 65 万 m^2。该项目是建所以来建设规模最大的项目，纳入南京市重点工程，列为中国电子科技集团公司能力建设重点项目。质量目标是确保扬子杯，争创鲁班奖。

（二）建设、勘察、设计、监理、施工单位各责任主体在缺乏有效的横向联系手段时，管理较为粗放。

项目建设中建设、勘察、设计、监理、施工各责任主体之间有不同的任务、目标和利益。勘察单位实施地质勘察，提供地质条件依据；设计单位根据建设单位要求，设计出满足使用功能要求的图纸；监理单位受建设单位委托对施工全过程的质量、安全、进度、成本进行监督；施工单位履行与建设单位的合同，负责工程项目的施工。建筑行业常规实行的"三控三管一协调"管理模式，在缺乏有效的横向联系手段时，管理较为粗放。建市[2017]137 号文（住房城乡建设部等部门关于印发促进贯彻落实建筑业持续健康发展意见重点任务分工方案的通知）强化了建设单位的首要责任，建设单位更需要管理创新，采用有效的管理模式，落实各参建方的主体责任。

（三）军工企业精细化管理的要求

作为军工企业，本着严谨严格、客观务实的态度，注重过程管理，需要创新精细化的有效管理模式，以确保项目建设质量、安全、进度、成本受控。

二、"一事一验一签字"创新管理模式在桩基工程中的实施内涵和主要做法

（一）"一事一验一签字"创新管理模式的内涵

"一事一验一签字"创新管理模式，主要是指在项目全寿命周期建设管理的过程中，融合参建各方成熟经验，统一管理标准和要求。针对每一阶段、每一件事都按照"任务分解→过程管控→责任落实"的管理流程，充分发挥建设单位组织协调能力，细化各分项任务目标，加强过程管控，落实各方责任，实现可视化管理，做到事事有分工，件件有落实，凡事可追溯。

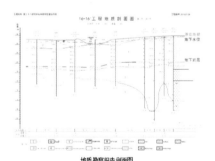

地质勘察报告剖面图

图 4　创新"一事一验一签字"管理模式

4、"一事一验一签字"创新管理模式在桩基工程施工阶段的应用

施工阶段主要针对桩基施工过程中质量控制方法进行优化。常规流程经过开孔、终孔、钢筋笼制作安装和混凝土浇筑等工序后终检，施工过程中仅随机抽检。实施"一事一验一签字"创新管理模式后，施工准备阶段通过建信息、审方案、研设备、详交底等四个方面细化管理过程；在常规流程中对每一根工程桩增加了质量停检点，开孔时增加了对中复核、终孔时增加了沉渣检查、钢筋笼制作安装时增加了钢筋验收、混凝土浇筑时增加了导管控制，形成检、测全覆盖，约束了参建人员的质量行为。

质量控制的重点应以预防为主，遵循事前控制原则，做好各项技术方案论证等工作；在管理过程中加强隐蔽验收以及关键工序的把控，前道工序未经签字验收，后道工序严禁施工，多道工序交叉作业必须统筹管理，在确保安全的前提下，遵循"规定动作"，使工程在实施中有序、受控；在完成阶段目标后，进行全方面、多角度的剖析，及时总结管理经验，吸取可借鉴处，弥补不足之处；通过检查、验收过程中签字确认，拍摄针对性的照片，完善过程资料，达到可追溯性，从而使桩基质量得到保证。

1）建信息

桩基工程开工前，明确质量管理目标，梳理工作思路，针对工程桩的地理位置、受力状态、成桩工艺等，按轴线、楼栋号对拟实施范围内的每一根工程桩进

（2）项目实施过程中，设专人负责，积极配合业主和施工单位，解决各种问题，保证工程的顺利实施。

（3）应用先进科研成果，实施于现场，结合现场情况，提高施工效率（图 5）。

图 5　楼梯滴水线条一次浇筑成型早拆铝模体系效果图

2.1.3　监理单位的质量管理

（1）按照建设监理职能有效地开展"三控制""三管理""一协调"的工作，使各项目标均得到良好控制（图 6）。

（2）组织每周例会，实施工程日报制度。

（3）实行现场巡查，巡视施工情况，发现问题及时整改。

图 6　三方材料验收及见证取样

2.1.4　施工单位的质量管理

工程开工伊始，确立了"国家优质工程奖"的目标，配备高素质项目管理班子，建立了施工质量管理程序及创优过程控制程序（图 7），落实管理体系标准化，制定以项目经理为组长的 23 项总承包质量管理制度（表 1）。

各参建施工单位目标明确，达成共识，坚定信心，形成凝聚力、合心力。

项目部严格执行公司标准化管理制度，以精细化为管理手段，严把过程关。

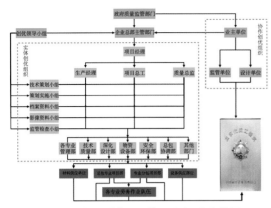

图 7 "国家优质工程奖"项目管理团队组织架构图

总承包质量管理制度表　　表 1

1	质量责任制度	13	关键工序施工质量控制旁站制度
2	质量教育培训制度	14	质量交底制度
3	工程质量验收程序和组织制度	15	工程质量检验试验制度
4	隐蔽工程验收制度	16	工程质量报表制度
5	工程质量检查制度	17	工程质量整改制度
6	工程质量例会制度	18	工程质量竣工验收制度
7	工程质量样板引路制度	19	工程质量事故报告制度
8	工程成品保护制度	20	工程质量事故调查处理制度
9	工程质量奖罚制度	21	工程质量回访制度
10	工程质量创优制度	22	工程质量保修制度
11	工匠之星评比制度	23	部门会签制度
12	工序交接制度		

项目部通过集中学习、定期考核、项目交流等手段加强管理人员对国家、地方规范、行业标准的学习（图 8）。

图 8 培训学习

项目依托公司标准化管理资源，对每个细部节点制作施工指导书，张挂于施工区域（图 9、图 10）。

图 9 实体样板

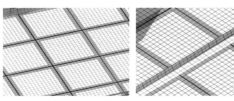

图 10 施工作业指导书

针对工程创优亮点，提前进行详细的策划。针对工程创优重点，详细分析，进行目标任务分解，统一标准，落实管理（图 11~图 13）。

项目采用"BIM"信息化管理模式。运用多专业软件，应用于项目施工和策划。本工程推行"实体及 BIM 虚拟样板共同引路"制度，

图 11 屋面 BIM 排砖质量创优策划；屋面排水沟 BIM 深化设计质量创优策划

图 12　屋面排气孔节点 BIM 质量创优策划　　图 13　屋面风机节点 BIM 质量创优策划

工程施工前，施工班组进场后进行 BIM 虚拟工法样板和实体样板的两次样板指引和培训，明确管控要点，规范细部做法，通过全体管理人员及施工人员对样板制作全过程的学习，掌握工艺流程及质量标准，验收通过后方可开展大面积施工。项目精心策划，以实体及 BIM 虚拟样板共同引路，标准化管控，确保一次成优（图 14~ 图 18）。

2.2　施工中的重点、难点

（1）471m 超长混凝土结构裂缝控制难度高，地下室结构抗渗要求严。

本工程地下室为 471m 超长混凝土结构，地下室超长结构裂缝控制难度大，同时本工程对地下室的防裂抗渗要求相当高，地下主体结构的防水等级不低于一级，而超长混凝土的温度敏感性很强，极易开裂，工程要杜绝"跑、冒、滴、渗、漏"等质量隐患的出现，需要重点对关键特殊过程策划和控制，特别是对防水卷材的选择和应用，此为本工程的重难点。施工过程在混凝土中掺加抗裂纤维与抗裂防水剂。另外主要在混凝土配合比设计进行裂缝控制。同时采用 CPS-CL 反应粘结型高分子防水卷材，根据现场情况，运用预铺法和湿铺法相结合的施工工艺，严格把控质量和成本，确保地下室整体防水效果（图 19）。

图 19　473m 超长混凝土底板浇筑

图 14　实体样板质量创优策划　　图 15　底板后浇带超前止水实体样板质量创优策划　　图 16　地下室外墙实体样板质量创优策划

图 17　屋面工程整体 BIM 虚拟样板质量创优策划　　图 18　屋面工程整体 BIM 虚拟样板质量创优策划

（2）135m 大跨度弧形幕墙，整体高度 48m，整体弧度 13.6°，幕墙吊装精度要求高。

135m 大跨度弧形幕墙，整体高度 48m，整体弧度 13.6°，立面材料以石材、玻璃幕墙和金属穿孔遮阳板为主，体现了建筑时代性，同时也体现庄重大方的形象；统一中增加灵活变化的元素，主楼幕墙玻璃间隔石材安装，要求形成顺滑弧度，幕墙安装精度要求高（图 20）。

（3）一层大厅层 13m 高墙面，整体独特白玉兰造型大理石，石材选材、拼装精度标准高。

一层大厅层 13m 高墙面，整体独特白玉兰造型大理石，建筑造型简洁现代，以单元式竖向线条为肌理，体现了建筑时代性，同时也体现庄重大方的形象，同时大空间墙面整体独特造型，这对装饰性石材整体拼装精度标准要求高（图 21）。

图 20　135m 大跨度弧形幕墙

图 21　一层大厅层 13m 高墙面，整体独特白玉兰造型大理石

（4）多专业间交叉，复杂节点较多。

多专业间交叉复杂，土建与钢结构、幕墙与土建、土建与安装、安装与幕墙等各专业间的交叉节点收口一直是工程中难以处理的问题。本工程施工过程中运用 BIM 技术，建模解决专业间的碰撞问题，节点处理按照图纸建模确定分界位置，随后进行多专业交叉复杂节点的深化设计，施工过程中通过 BIM 可视化交底使得深化设计直观落地，多专业间协调由总包进行统一管理（图 22、图 23）。

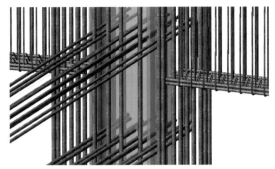
图 22　混凝土－钢结构专业交叉节点

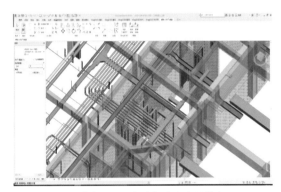
图 23　暖通、电气、通风与空调专业交叉节点

（5）军民用大型信息系统，四套网络物理分隔设置，对有线、无线接入统一认证、统一管理，信息网络安全要求高。

本工程为军民用大型信息系统重点研究所，四套网络物理分隔设置，对有线、无线接入统一认证、统一管理，信息网络安全要求高。信息接入系统、移动通信室内信号覆盖系统、信息网络系统、安全技术防范系统、建筑设备监控系统、建筑能效监管系统、信息导引及发布系统等统一管理，协同度高（图 24）。

图 24　园区内网信息网络安全监控系统

2.3 科技创新与技术攻关

本工程以工程为对象、工艺为核心，运用系统工程方法，把先进技术和科学管理结合起来，经过工程实践，对专项技术进行提炼和定型，对技术及其管理的各个环节均给以规范化，提炼形成施工工法，随时用于指导相应工程项目的施工，形成省级工法 2 项《BDF 空心楼盖板无机阻燃复合箱浮力动态监测施工工法》《变形监测自动化的单元组合式早拆支撑体系施工工法》（图 25、图 26）。

本工程获专利授权 20 项，其中发明专利 1 项（图 27），实用新型专利 19 项（表 2）。

本工程获得 2020 年第三届"优路杯"全国 BIM 技术大赛优秀奖（图 28），同时发表科技论文 9 篇（表 3）。

图 25 BDF 空心楼盖板无机阻燃复合箱浮力动态监测施工工法

图 26 变形监测自动化的单元组合式早拆支撑体系施工工法

图 27 发明专利：一种楼板板厚测量工具及其测量方法

图 28 2020 年第三届"优路杯"全国 BIM 技术大赛优秀奖

实用新型专利表 表 2

序号	专利名称	授权号	备注
1	一种楼板板厚测量工具及其测量方法	ZL201610567451.2	发明
2	一种幕墙工程用施胶工具	ZL201921533315.7	实用
3	便携式避雷接地跨接圆钢快速加工器	ZL201822012680.5	实用
4	可移动太阳能路灯底座结构	ZL201822012684.3	实用
5	一种管道简易吊装车	ZL201921430596.3	实用
6	一种脚手架固定装置	ZL201822012704.7	实用
7	一种可拆卸式淋水试验装置	ZL201921430585.5	实用
8	一种利用螺栓垫片固定的标识装置	ZL201921431325.X	实用
9	一种 BDF 无机阻燃型复合箱体浮力测量装置	ZL201920429803.7	实用
10	一种金属幕墙单元骨架整体吊装设备	ZL201720795397.7	实用
11	一种高处作业安全带悬挂可移动式防坠装置	ZL201720815660.4	实用
12	一种结构洞口快拆模具	ZL201720874916.9	实用
13	一种地脚螺栓的预埋固定装置	ZL201720875357.3	实用
14	一种防风焊接接火装置	ZL201820408395.1	实用
15	一种施工现场临时用水智能监测装置	ZL201920287165.X	实用
16	一种二次结构、保温系统一体化的施工模具	ZL201920656429.4	实用
17	一种悬挑工字钢上的立杆限位滑套	ZL201921013232.5	实用
18	一种用于建筑施工的钢丝绳紧固装置	ZL201921894199.1	实用
19	一种卷材热熔封边工具	ZL202021082537.4	实用
20	一种地砖地面空鼓的检测工具	ZL202021942852.X	实用

发表科技论文表   表 3

序号	论文名称	发表刊物	备注
1	基于智慧工地平台的新管理探索	《防护工程》CN41-1365/TU	2018 年第 33 期
2	探索智慧安监系统在施工现场的新型安全生产管理模式	《信息周刊》CN11-5419/G3	2018 年第 10 期
3	自动化监测系统在项目建设过程中的应用——28 所智慧工地集成管理	《防护工程》CN41-1365/TU	2018 年第 34 期
4	CPS 反应粘结型高分子防水卷材施工中关键技术的研究与应用	《八局科技》	2019 年第 3 期
5	消防泵房的质量创优策划	《基层建设》CN37-1371/D	2019 年第 21 期
6	建筑电气安装工程施工质量管理与控制研究	《基层建设》CN37-1371/D	2020 年第 9 期
7	BDF 空心楼盖板无机阻燃箱体临界浮力状态下施工技术的研究与应	—	南京施工专业学会优秀论文
8	基于 SPA2000 大跨度桁架高空累积滑移变形及应力分析	—	南京施工专业学会优秀论文
9	浅谈大跨度钢连廊高空散拼施工技术	—	南京施工专业学会优秀论文

2.4 绿色施工管理

本工程施工过程中，采用 9 项节能，10 项节水，24 项节材，2 项节地，5 项环保，共 50 项绿色施工技术，在施工过程中坚持"四节一环保"的绿色施工理念，顺利通过省建筑业、中国施工企业管理协会等绿色施工示范工程终期验收（表 4）。

工程采用绿色施工技术   表 4

序号	分类	内容
1	节能	工人生活区 36V 低压照明
2		限电器在临电中的应用
3		建筑施工现场节电技术
4		USB 低压手机充电系统
5		太阳能路灯
6		楼梯间照明改进措施
7		LED 临时照明技术
8		无功功率补偿装置应用
9		现场塔式起重机镝灯定时控制技术
10	节水	洗车槽循环水再利用
11		现场雨水收集利用技术
12		混凝土养护节水技术
13		混凝土输送管气泵反洗技术
14		施工现场防扬尘自动喷淋技术
15		施工道路自动喷洒防尘装置
16		自动加压供水系统

续表

序号	分类	内容
17	节水	高空喷淋防扬尘技术
18		施工车辆自动冲洗装置的应用
19		污水处理系统
20		装配式可周转钢板道路
21		工程量自动计算技术
22		可周转洞口防护结构
23		临时照明免布管免裸线技术
24		Bim5D 技术
25		钢筋直螺纹机械连接技术
26	节材	手提套管的再利用技术
27		可持续周转临边防护结构
28		钢筋数控加工技术
29		预拌砂浆技术
30		管线布置综合平衡技术
31		可周转工具式围墙
32		承插型盘扣式脚手架
33		工具式栏杆
34		固体废弃物回收利用技术
35		快捷安拆标准化水平通道
36		利用废旧钢管固定楼层防护门技术
37		可重复使用的标准化塑料护角
38		可周转式钢材废料池
39		利用废旧材料加工定型防护
40		塑料马凳施工技术
41		混凝土运输防遗撒措施
42		发泡混凝土找坡技术
43		可重复利用的移动钢板施工平台
44	节地	临时设施、设备等可移动化节地技术
45		使用装配式临时设施
46	环保	施工道路自动喷洒防尘装置
47		室内建筑垃圾垂直清理通道
48		施工车辆自动冲洗装置的应用
49		构件化塑钢绿色围栏
50		项目部热水供应的节能减排

3 工程实体结构质量亮点总结

（1）工程桩定位准确，桩头平整，节点防水可靠（图29）。

图29 工程桩

（2）竖向钢筋绑扎采用"梯子筋"定位（图30）。

（3）混凝土柱采用方圆扣进行加固，采用覆膜养护，构件外光内实，截面尺寸准确，棱角顺直，轴线、垂直度、标高控制准确（图31）。

（4）幕墙圆弧弧度准确，曲线自然灵动，线条顺畅；石材幕墙，排缝均匀；玻璃幕墙，胶缝饱满（图32）。

（5）屋面砖排板合理，坡度正确，排水通畅，无渗漏（图33）。

图32 幕墙

图30 竖向钢筋

图31 混凝土柱

图33 屋面

（6）一层大堂，13m高墙面，整体独特白玉兰造型大理石，庄重大方（图34）。

图34 一层大堂

（7）阶梯报告厅恢弘大气，会议室墙面采用石材、硬包、木饰面、壁纸等多种材质，古典大方（图35）。

（8）信息中心采光明亮，设备布局美观；会议中心，装修精致，功能齐全（图36）。

图35 阶梯报告厅、会议室

图 36 信息中心、会议中心

（9）研发办公楼，南北通透无遮挡，地面为防静电架空地板，每层配套设有 2 个茶歇区，阳光充足，环境幽雅（图 37）。

图 37 研发办公楼

（10）采光中庭，内庭花园，宽敞明亮，景色优美，极具特色（图 38）。

（11）车库地面，分格合理，光滑平整，无空鼓、无裂缝（图 39）。

图 39 车库地面

（12）卫生间，洗手台整洁、美观；洁具，居中布置，排列整齐（图 40）。

图 40 卫生间

（13）设备间，设备布局合理，基座、阀门、仪表成行成线，接地可靠（图 41）。

图 41 设备间

图 38 采光中庭，内庭花园

（14）消防泵房，管道布局美观，支吊架规范，穿墙洞口封堵到位（图42）。

图42　消防泵房

（15）设备基座阴阳角方正，分色线清晰、醒目；周边排水沟顺直，排水通畅（图43）。

（16）管道、桥架、风管立体分层，标识清晰，保温做工精良（图44）。

（17）高低压配电柜，排列整齐，盘面整洁，电缆排布有序（图45）。

（18）开关、插座面板，安装端正，高度一致，贴合严密（图46）。

（19）灯具、烟感、喷淋等，成排成线、安装规范，整齐有致，美观大方（图47）。

4　工程获奖与综合效益

本工程获得中国施工企业管理协会设计水平评价二等成果、江苏省勘察设计行业协会优秀设计奖，整体达到绿建二星标准，符合绿色建筑理念，创造了很好的环境效益。江苏省建筑业新技术应用示范工程、全国绿色施工示范工程、江苏省绿色施工示范工程、江苏省建筑施工标准化星级工地、江苏省首届"数字工地 智慧安监"优秀试点项目、国家级QC二等奖、江苏省QC三等奖等53个奖项。

项目先后组织了国家级观摩1次、江苏省级观摩3次，南京市级观摩1次，累计接待人数超过3000人次。

工程最终荣获南京市优质结构、市优"金陵杯"、省优"扬子杯""安装之星"，国家优质工程奖。

图43　设备基座

图44　管道、桥架、风管　　　　　　图45　高低压配电柜

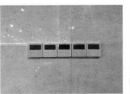

图46　开关、插座面板　　　　　　图47　灯具、烟感、喷淋等

开工即确立国家优质工程奖的目标，并通过最终验收，仙林新所区建设项目工程质量和进度要求都得到了保证，同时还得到了业主、监理等单位的一致好评，同时增强了企业的品牌信誉，树立了良好的口碑，提升市场影响力。中建八局第三建设有限公司通过对国家级奖项的创奖，形成了一套项目工程质量控制标准，打造了自身良好的市场品牌形象，以现场促市场，实现高质量新发展。

（朱海　葛军）

14. 南京禄口国际机场 T1 航站楼改扩建工程施工总承包
——中国建筑第八工程局有限公司

1 工程简介

南京禄口国际机场位于南京市江宁区，施工范围包括 T1 航站楼主楼拆除改造、连廊及北指廊扩建，同时配套进行陆侧和站坪系列改造，总建筑面积 16.1 万 m^2，新建面积 4 万 m^2，加固改造面积 12.1 万 m^2。地下为功能机房及交通换乘大厅，地上分别为到达层、出发层、办公层，最大建筑高度 29.1m。建筑设计使用年限 50 年，结构安全等级一级，抗震设防烈度为 7 度，抗震设防类别为乙类。

工程由东部机场集团有限公司投资建设，中国建筑第八工程局有限公司总承包施工。2018 年 05 月 18 日开工，2020 年 05 月 21 日竣工，质量目标：国家优质工程奖。

本工程不仅是江苏省十大重点工程之一，同时也是国内首个大型机场改扩建工程，自建设以来就受到社会各界的广泛关注。T1 航站楼改扩建工程的正式投用，对构建江苏省现代化综合交通运输体系，提升南京城市首位度意义重大（图 1~ 图 3）。对提升南京禄口机场作

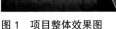

图 1　项目整体效果图　　图 3　工程全景实拍图

为东部机场集团龙头机场的保障能力和运行品质，进一步拓展机场辐射范围，更好地服务长三角一体化发展十分重要！

2 精品工程建设过程的质量管理

2.1 制定目标

项目建立以总承包为首，覆盖到所有专业单位的创"国家优质工程奖"组织机构体系，将所有专业单位纳入创优组织体系中，过程中利用业主的合同约束、总包单位的统一管理、监理单位严格的工序质量验收等，保证各专业施工都能按照国家优质工程奖工程的质量要求实施（图 4）。

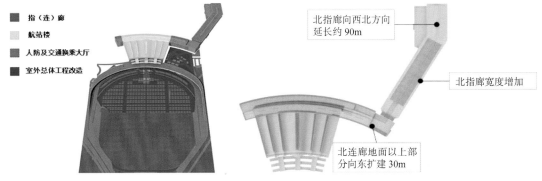

图 2　改扩建区域范围示意图

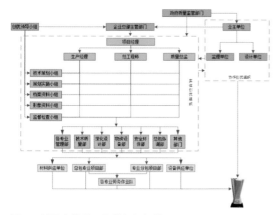

图 4　创国家优质工程奖组织机构

2.2　重难点把握

难点 1：结构拆除种类多、拆改量大。

本项目为航站楼改扩建项目，现场存在大量拆改工程，结构拆除种类多、数量大。航站楼室内结构拆除还应考虑原结构保护、施工荷载、拆除后的结构运输、地下室机电保护性拆除、缩短钢结构拆除工期、如何分片拆除对功效和对结构的变形影响小等因素（图5、图6）。

图 5　拆改施工 BIM 模拟　图 6　拆改施工 BIM 模拟
示意图　　　　　　　　　示意图

难点 2：结构复杂，形式多样，施工难度大。

基础和主体结构施工中涉及深基坑、高大模板、钢结构加固、超长结构、大体积混凝土、钢骨（管）混凝土、劲性结构、一柱一桩、钢屋盖吊装、高钒索张拉等诸多施工难点，施工难度大（图7、图8）。

难点 3：单曲形态、单向连续波浪形变化曲面、构造复杂、收边衔接复杂。

主楼及连廊吊顶的平面投影为扇形。主楼屋面反吊顶系统主要由 1.5mm 厚铝合金条板

图 7　高钒索张拉 BIM 图　图 8　含牛腿变截面型立
柱桩定位施工图

系统形成三维曲面，整个反吊顶系统造型与屋面钢结构形体基本平衡，并通过三维可调的转接关节，板块分割根据屋面钢结构斜拉腹杆位置区间均分 500mm 左右板宽，板间留缝 50mm，形成一个连续的空间曲面，作为一个系统需结合空间精确测量以实现完美的设计效果（图9、图10）。

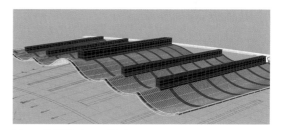

图 9　吊顶曲面 BIM 模型

图 10　吊顶完成效果图

难点 4：内装扇形弧度施工难度较高，形式多样，造型复杂。

内装办票岛 GRG 曲面造型，整体造型线条流畅，白色氟碳喷涂，4 个岛外形感观效果

完美（图11）。扇形弧度板每个板面都不在一条直线上，自然弧形变向。工艺技术要求很高，灯光透过云石反光色彩明亮，十字光形效果独特。候机楼北连廊采用绿色环保再生环氧彩色磨石曲面造型，流水线型彩色地面，镜面效果，具有独特的艺术美感（图12）。

图11　办票岛 GRG 曲面造型墙

图12　彩色磨石曲面造型地面

2.3　过程控制

2.3.1　质量控制措施

各参建施工单位目标明确，达成共识，坚定信心，形成凝聚力、合心力（表1）。

2.3.2　施工全过程管理

设计院驻场指导，监理旁站监督，材料进场严控质量，施工过程跟班作业（图13、图14）。

各分部分项工程细部做法入手，精心组织、精心策划。抓住重点、难点，突出亮点（表2）。

认真做好各项施工准备，编制施工组织设计、施工方案114份，组织方案交底123次，

质量控制措施　　　　　　　　　　　　　　　　　　　　　　　　表1

序号	控制内容	控制措施
1	团队及体系建设	健全质量管理体系，建立了涵盖公司、项目、班组三级质量保证和创优管理体系，将业主、设计、监理、劳务分包、专业分包、主要材料供应商纳入创优体系范围。 完善项目技术质量管理制度及创优奖罚措施并严格执行，选配了高素质的项目班子和施工队伍。进行创优目标分解，层层签订质量责任书，保证质量管理全过程受控
2	管理制度执行	严格过程控制，确保过程精品。把"完善自检、强化交接、突出验收"作为质量控制着手点，将作业层"三检制"与"技术复核制"紧密结合，做到"未自检不验收，未验收不交接，未验收不结算，未结算不付款"。坚持"样板领路"，所有分项工程，施工前必须先做样板，四方验收达到规定标准后，方可大面积施工
3	质量策划及预控	重视项目前期各项方案策划，认真搞好创优策划、审定项目质量计划、编制施工组织设计、强化施工方案和技术交底管理。 屋面、卫生间防水施工等关键环节，施工管理人员做到"全程跟踪，旁站监督"，确保每道工序受控，不留任何隐患

细部做法要求　　　　　　　　　　　　　　　　　　　　　　　　表2

序号	细部部位	验收标准	细部节点详图
1	制冷机房、消防水泵等设备用房	各种给水排水及供暖设备的安装均必须符合有关规范的要求，且其误差值均应小于国家及行业规范的规定。 总体布局合理，管道走向明确，穿墙节点构造正确、美观。 设备基础坚固美观、布置整齐、成排成线、标高尺寸一致，排水沟槽整齐精细，排水走向清晰。 设备安装布置整齐，标高一致，操作检查检修通道空间合理、整齐、明亮。 各种管线走向明确，标识清晰、美观	

序号	细部部位	验收标准	细部节点详图
2	卫生间地砖、墙砖、吊顶、洁具、灯具、出风口等	墙砖、地砖、吊顶拼缝做到"一条缝到底、一条缝到边、整层交圈、整幢交圈",避免错缝、乱缝和小半砖现象。 三同缝:墙砖、地砖、吊顶、经纬线对齐。三维对缝,把地砖拼缝模数与隔墙厚度、墙砖模数一致或对应起来。 六对齐:洗脸台板上口与墙砖对齐;台板立面挡板与墙砖对齐;镜子上下水平缝对齐,两侧对称,竖缝对齐;门上口和水平缝、立框和砖模数对齐;小便器、落地、上口、墙缝、两边和竖缝对齐;电器开关、插座、上口水平缝对齐。 一中心:地漏在地板砖中心。墙的排砖图和安装的电器不能各行其道	

图13 设计院驻场指导　图14 原材现场检验　图16 联合会审图　图17 隐蔽工程验收

专家论证6项,逐级落实。

推行细部节点标准化,实施样板引路,完善自检、突出验收,强化策划与方案融合,与过程管控相结合,实现过程精品,做到一次成优(图15)。

图15 样板引路

坚持"联合会审、专业隐蔽、综合验收"的工作制度。屋面、卫生间等防水关键环节,全程跟踪,旁站监督(图16、图17)。

采取"防护、包裹、覆盖、封闭、巡逻看护"等措施,施工全过程保护成品(图18、图19)。

图18 地面保护　　图19 墙柱面保护

2.4 科技创新与技术攻关

2.4.1 机场航站楼金属屋面拆除施工技术

通过采用对航站楼金属屋面中直立锁边金属屋面系统拆除、采光天窗拆除、挑檐钢结构拆除等新技术,缩短了施工工期,减少了扬尘、噪声等污染，符合绿色建造理念。对拆除工作的施工方法和施工要点进行总结，对此类施工方法实际施工效果进行实践探究，以便在类似工程金属屋面拆除重建工程中予以推广和借鉴（图 20）。

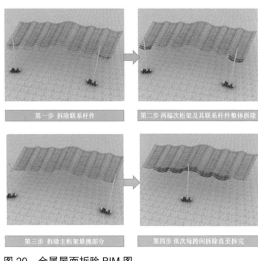

图 20　金属屋面拆除 BIM 图

2.4.2　潜孔锤钻进硬咬合桩施工技术

通过潜孔锤钻进硬咬合桩施工技术应用，解决了传统的钻孔咬合桩的局限性，特别是在坚硬地层中难以钻进的缺点（图 21）。分析了硬法咬合桩工艺在该种复杂地质条件下的实操性、适用性和优越性，以便在类似复杂地质工程中予以推广和借鉴。

2.4.3　大型场馆钢桁架屋盖加固施工技术

采用对钢桁架新增杆件加固、卡箍套管加

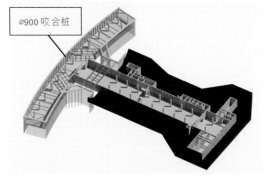

图 21　硬咬合桩基坑支护示意图

固、管箍套管加固等方法的施工工艺和质量控制要点，对既有钢桁架结构加固改造研究、提高其力学性能的研究十分必要且意义重大，同时也符合绿色施工理念（图 22、图 23）。对此类方法实际施工效果进行实践探究，以便在类似大型场馆的钢桁架屋盖技改加固工程中予以推广和借鉴。

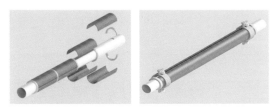

图 22　管箍套管与卡箍套管加固示意图

图 23　加固成型效果

2.4.4　大型场馆技改工程圆柱粘钢加固施工技术

采用对圆柱粘钢加固施工技术，对施工难点和质量控制措施进行了阐述，并通过基层修补方案优化、粘钢加固厚度调整、运用"3D扫描 +BIM"相结合技术控制下料长度等施工措施，不仅节约材料、缩短工期，而且提高了圆柱粘钢加固有效粘结面积率，成型质量较好，保证了施工质量和进度，给类似工程提供了宝贵的经验（图 24）。

2.4.5　高钒索张拉关键过程识别及控制技术

采用高钒索张拉关键过程识别及控制技术，能够支撑起整个建筑体，保持受力平衡，利用高钒索、支撑杆组成预应力体系，将建筑体结构完美展现出来，是现代建筑钢结构的趋

图 24　圆柱粘钢加固成型效果

图 25　高钒索张拉预紧器实物

势（图 25）。预应力钢结构施工的直接目标是张拉过程中实现设计要求的索力和结构形状。

2.4.6　科技成果

通过创新及改进，完成专利 16 项、工法 5 项、全国建筑装饰行业科技创新成果奖 4 项、国家级优秀 QC 成果一等奖 1 项、二等奖 2 项、省级优秀 QC I 类成果 3 项、中国施工企业管理协会 BIM 技术成果三等奖 1 项、江苏省安装行业 BIM 运用成果一等奖 1 项等，达到了示范工程立项预期目的，不仅提高了公司的整体技术水平，取得了良好的经济及社会效益，更是对行业施工技术的进步产生了积极的推动作用（表 3～ 表 5）。

2.5　新技术应用与绿色施工

项目施工过程中共推广应用了住房和城乡建设部建筑业 10 项新技术中的 9 大项 29 个子项、江苏省建筑业 10 项新技术中的 6 大项

省级工法一览表　　　　　　　　　　　　　　　　表 3

名称	批准文号	工法编号
半逆作法含牛腿变截面型立柱桩施工工法	苏建质安（2019）403 号	JSSJGF2019-033
钢屋盖桁架管箍套管焊接加固施工工法	苏建质安（2019）403 号	JSSJGF2019-034
高强地质潜孔锤钻进硬咬合桩施工工法	苏建质安（2019）403 号	JSSJGF2019-038
管桁架钢结构屋盖整体液压剪切拆除施工工法	苏建质安（2019）403 号	JSSJGF2019-039
采用四向调节转接件调节的大跨度异形双曲蜂窝板施工工法	苏建质安（2020）225 号	JSSJGF2020-053

论文发表一览表　　　　　　　　　　　　　　　　表 4

名称	年度 / 发表刊物
潜孔锤钻进硬法咬合桩施工技术	2018/南京市优秀论文
大型场馆技改工程圆柱粘钢加固施工技术研究	2018/南京市优秀论文
大型机电安装总承包项目管理	2018/《电力技术》
建筑机电安装工程施工管理分析	2018/《建筑工程技术与设计》

专利一览表　　　　　　　　　　　　　　　　表 5

序号	知识产权名称	专利授权号或申请号	备注
1	一种半逆作法钢管立柱桩施工方法	ZL201610035772.8	发明
2	一种水磨石地面修复剂及修复水磨石地面的方法	ZL201810290917.8	发明
3	一种免截桩头型预制方桩施工装置及其施工方法	ZL201710545520.4	发明
4	一种保护性切割持砖装置	ZL201920522438.4	实用
5	一种大面积玻璃水平运输装置	ZL201920429372.4	实用
6	一种地下室外墙后浇带提前封堵的施工装置	ZL201920359207.6	实用
7	一种地下室底板后浇带导水装置	ZL201920962315.2	实用
8	一种蒸压加气混凝土板运输工具	ZL201920843330.5	实用

续表

序号	知识产权名称	专利授权号或申请号	备注
9	一种伸缩式可调节临边防护	ZL201920878560.5	实用
10	一种后浇带覆盖防护装置	ZL201821889375.8	实用
11	一种逆作法一柱一桩中钢柱的定位、校正装置	ZL201821907315.4	实用
12	一种灌浆套筒钢筋定位工具	ZL201921408054.6	实用
13	一种混凝土表面收光后覆盖薄膜装置	ZL201921321548.0	实用
14	一种吊顶结构	ZL202021438860.0	实用
15	一种带牛腿钢立柱的垂直和水平调节矫正台架	ZL201921121651.0	实用
16	一种机场指廊屋面结构	ZL202021440311.7	实用

10 个子项及其他创新技术 5 项。创新采用 7 项节能，10 项环保，4 项节水，20 项节材，3 项节地及 5 项其他综合技术。荣获江苏省新技术应用示范工程、江苏省绿色施工示范工程，经济效益显著，整体达到国内领先水平。

3 工程获奖与综合效益

工程荣获 2021 年"国家优质工程奖"、市优质结构、市优"金陵杯"、省优"扬子杯""苏畅杯"、建筑业防水"金禹奖"金奖、全国绿色施工示范工程、江苏省建筑施工标准化星级工地、建筑业新技术应用示范工程、中国施工企业管理协会工程建设优秀设计水平评价、国家三星级绿色建筑设计标识、江苏省勘察设计行业协会项目优秀设计奖，全国优秀 QC 成果一等奖 1 项、二等奖 2 项等 50 多个奖项及荣

誉成果。

工程投入使用以来，集航站楼出入口、登机口、行李间、安检通道为一体的综合航站楼。依靠科技创新和协同共享，通过全过程、全要素、全方位优化，使得 T1 航站楼改造为充分体现新时代高质量发展要求的机场，乘客舒适满意率 99% 以上，"服务至上、以人为本"，良好地树立了"人文"型机场。

本项目结构安全可靠，设备运转正常，各系统运行良好，功能满足设计和使用要求，获得社会各界的广泛好评！以"平安、绿色、智慧、人文"为核心，示范引领"四型"机场改扩建标杆！

4 工程实体质量亮点

工程实体质量亮点见图 26~ 图 44。

图 26 出发大厅宽敞明亮　　图 27 枫叶吊顶结合天下文枢牌坊　图 28 候机厅

图 29 北指廊大吊顶

图 30 北指廊幕墙外立面

图 31 出发大厅东侧长江波浪造型檐口

图 32 金属屋面

图 33 屋面丙烯酸地坪

图 34 屋面设备基础

图 35 太阳能热水系统

图 36 排烟风机

图 37 民航系统

图 38 民航系统

图 39 自助值机

图 40 行李分拣系统

图 41 低配电压室

图 42 冷冻机房

图 43 消防泵房

图 44 贵宾会议厅

（葛军 朱海 郭孟杰）

15. 苏州大学附属第二医院高新区医院扩建医疗项目一期
——苏州建设（集团）有限责任公司

1 工程概况

本工程为苏州大学附属第二医院高新区医院扩建医疗项目一期，工程位于苏州市高新区浒墅关镇（图1）。苏州大学附属第二医院高新区医院内（原苏州市第七人民医院）。

建设单位：苏州大学附属第二医院

勘察单位：江苏省纺织工业设计研究院有限公司

设计单位：中国国际工程有限公司

监理单位：苏州建设监理有限公司

总包单位：苏州建设（集团）有限责任公司

分包单位：苏州荣诚建筑安装有限公司负责

苏州广林建设有限责任公司

苏州华丽美登装饰装潢有限公司

图1 鸟瞰图

本项目建筑用地异形，本工程总建筑面积为 81724.57m²，由主楼、裙房组成，地下 –1 层、主楼为 16 层，建筑高度为 71m，裙房为 5 层，建筑高度为 23.9m。医疗综合楼地下连为一体，地上部分划分为 4 个结构单体（A 区、B 区、C 区、D 区），立体结构空间布局合理：地下室为各设备用房及停车场，地上 1~16 层依次设置有门急诊、儿科、内科、会议室、外科、手术室、功能科、检验科、口腔中心、住院部等，设有床位 600 余张。工程总造价为 6.82 亿。

工程于 2015 年 8 月 4 日开工，2018 年 12 月 4 日竣工。

2 创优工程项目管理

2.1 落实管理体系

工程开工之初，公司确立了创建"国家优质工程"的质量目标，建立由集团公司总工统一领导，公司技术部、项目指挥部负责，项目经理、项目副经理、项目工程师、专业责任工程师具体实施，公司技术质量、材料设备和经营管理等部门配合监督检查的质量保证体系，为保证工程质量提供了可靠的组织保证，明确质量职责落实责任制，强化项目的质量管理工作。

2.2 做好工程施工前的各项策划工作

施工前期，项目部抓好了工程总体策划工作。编制了《创优方案》《工程目标管理计划》《项目管理规划》等多项创优保证措施（图2）。

2.3 完善各级检查验收制度

项目部建立和完善了质量检查验收制度、重要部位中间验收制度和材料检验制度。对关键部位实施专人旁站监督；对工程材料严格按

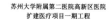

图2　工程创优措施

将所有的设备、灯具、饰面进行各专业综合平衡，将统一相互关系尺寸落实到位各环节中去（图3）。

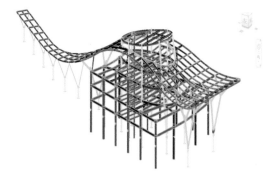

图3　D区钢结构模型

设计要求和产品质量要求组织选购，实施进场材料按样品检验、验收。

2.4　抓好工程施工前期的方案与技术交底工作

（1）对于重点、关键性施工方案，项目部召开专题会议和组织专家论证。

（2）对于重要装饰工序，编制分项工程详细的作业指导书，通过样板施工，使施工质量处于受控状态。

（3）项目部坚持在施工前做好细致的技术交底工作，让每位操作工人都能准确、详细地了解操作要点，使工艺过程具有可行性和可操作性。

2.5　工序质量管理点的设置和控制

对基础、主体、水电安装、装饰工程中等关键工序，项目部设置质量管理点，强化过程检查和验收，并实行质量否决制，保证关键部位处于质量控制状态。

2.6　图纸设计深化

严格核对施工图纸，组织土建、机电、内装、外装等进行总体的测量放线，并加强测量复核工作，保证整体和局部构件尺寸的精度。通过绘制平面图、立面图、顶面图、节点图，

2.7　工程材料

严格原材料、半成品的采购、检查、验收制度。工程材料必须符合设计要求和验收规范要求，装修材料要符合消防、环保等要求。严禁采购劣质工程材料。确定的采购材料均要进行封样，以利于采购材料进场核对统一性。材料进场与封样不符、验收不合格、抽样检测不合格的均做退货处理。材料的检测应符合国家相关现行规范和公司《检验、试验计划》的规定。

2.8　样板先行制度

土建、安装、装饰工程主要分项或关键部位推行"样板制"，实施样板引路的施工管理方法。每道工序施工前都应先做出一个样板，项目技术负责人组织工程经理、专业工程师、质检员参加对样板工程的鉴定。组织施工人员开现场会，参观样板工程，明确该工序的操作方法和应达到的质量标准。

工程开工前制作样板间，不仅可以确定各种材料、设备的选择，还可以确定各专业交叉施工时应注意的事项。做好样板间对装修工程的顺利展开至关重要。样板间必须以高标准作为大面施工的依据，经项目联检达到优良后进行大面施工，最后以样板间为标准进行验收。

2.9 QC

成立创优及 QC、新技术、绿色施工等活动管理小组，进行质量攻关。锁定目标，目标细化分解，统一认识，落实责任，同时注重技术创新，积极推广应用 QC、新技术、节能和绿色施工新技术，实现绿色、节能与质量创优并举的精品工程。

3 工程设计特点

（1）结合建设用地不规则的特点，合理组织内部功能，交通流线。

总体规划上将建筑主入口设置在兴贤路一侧，将门诊、医技、病房等功能根据建设用地及周边道路情况，由南向北开展，病房布置在一期用地东北角，不仅充分利用了有限的建设用地，还可以形成完整的城市沿街立面形象，同时也使病房楼获得良好的朝向（图4）。

图4 项目平面位置图

（2）通过现代材料，诠释传统文化，展现现代医院建筑与传统地域建筑特点相结合的新形象，体现地域文化的优雅气质。

建筑立面设计采用现代材料和做法，诠释传统苏州建筑文化，建筑主体色调选用白色铝板，横向线条间穿插使用浅灰色铝板，与苏州白墙灰瓦的城市色彩相统一。在带形窗设计中选用原片绿色的 Low-E 中空钢化玻璃，表达与风景园林的主色绿色相呼应的点缀，使得冰冷的建筑让人觉得充满活力和亲和力。在圆角处选用热弯玻璃，使得整个建筑外围护系统自然和谐、流畅，整体建筑形象统一，力求表达江南建筑的轻盈隽秀之美。裙房区域的规整、饱满，高层区域的活泼、跳跃，相互映衬，表达优雅包容的"现代苏州之美"（图5）。

图5 南立面图

（3）采用先进技术手段，建筑、结构一体化设计，从三维空间的角度完成复杂形体的设计。

本项目造型上有一个突出亮点，就是从门诊入口广场延伸至住院入口广场的钢结构飘篷。该飘篷是三维曲面造型，采用树状分叉钢柱支撑。本项目在设计过程中，建筑、结构一体化设计，建筑专业通过 Rhino 软件精确三维空间定位，将整个飘篷简化为三维立体模型，精准快速地提交给结构专业，结构专业的受力反馈也在三维空间模型中完成调整，最终使得异形复杂形体快速精准地完成施工图设计（图6）。

（4）创新设计，率先解决突出屋面楼梯间与立面形象之间的矛盾。

本工程立面设计采用横向处理手法，自然流畅，以流动的线条凸显建筑物的简洁大气，屋面采用电动滑盖式楼梯间，解决出屋面楼梯

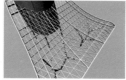

图6　三维空间模型图

间与建筑形象之间的矛盾，电动滑盖与消防联动，同时解决楼梯间疏散和排烟的问题（图7）。

图7　屋面电动滑盖楼梯

（5）本工程结合当地气候特点，选用合理平面布局方式，改善建筑内部环境。

本工程考虑苏州当地温暖湿润的气候特点，结合医疗功能的设置，在适当的位置设置内天井，使门诊医技部分功能房间尽可能多地获得自然通风采光。

在高层病房部分开设内天井，改善大进深建筑内区的自然通风和采光条件，降低并节约了能源使用（图8）。

图8　内庭院

（6）精益求精的细节设计充分展示出了一座高完成度的现代医疗建筑。

本工程在幕墙设计上进行墙身系统策划，在满足节能要求的同时，适当提高外墙热惰性指标，提高外围护系统的隔热性能，改善室内环境。内装修设计呼应建筑体形的灵动，医疗主街大厅等公共空间顶棚设计采用三角形铝板，与建筑空间曲线有机结合，地面铺装线条与标识相结合，使公共空间更具有导向性，不同功能区域采用差异处理。

4　工程实体质量

4.1　地基与基础工程

本工程基础采用桩筏基础，主要有管桩和方桩，主楼区域管桩采用PHC600预应力高强混凝土管桩365根（图9），裙房区域方桩采用450mm×450mm预制钢筋混凝土方桩568根。对321根桩进行低应变测试，测试结果：Ⅰ类桩317根，占检测桩数比例98.8%；Ⅱ类桩4根，占检测桩数1.2%；无Ⅲ、Ⅳ类桩。

图9　预应力混凝土管桩

沉降观测点50个（所有沉降点的变形与变化量均在报警值范围之内，各监测点沉降变化量在0.01~0.04mm/d）沉降稳定，沉降量满足规范标准要求。

4.2 主体结构工程

工程结构安全可靠、无裂缝；混凝土结构内坚外美，棱角方正，构件尺寸准确，偏差 ±3mm 以内，轴线位置偏差 4mm 以内，表面平整清洁，表面平整偏差 4mm 以内，受力钢筋的品种、级别、规格和数量严格控制，满足设计要求，墙体采用 ALC 蒸压砂加气混凝土砌块，砌体工程施工中，严格按标准砌筑及验收，垂直、平整度均控制在 5mm 以内（图 10）。

工程共取标养试块 280 组，同条件试块 82 组，评定结果全部合格。检测钢筋原材料 6065.416t 复试 359 组，复试结果全部合格；直螺纹机械接头 63580 个，试验 138 组，检测结果全部合格。

4.3 屋面工程

屋面防水等级为 I 级，采用两道设防 [（4+3）厚 SBS 改性沥青防水卷材]。完工后经蓄水试验，使用至今无一渗漏（图 11）。

图 10 主体结构观感图　图 11 屋面防水

4.4 装饰装修工程

4.4.1 外装饰

1）主楼横向流线型线条

主楼横向线条造型新颖流畅，整齐洁净。方条形外凸线条一侧为直角，一侧为圆弧形，观感良好，体现了直线的顺畅美，弧线的飘逸美，线条在同一水平线，保证了线条的整体性与连贯性，体现了"水"的流动性贯穿于整栋建筑，为整体的造型增光添彩（图 12）。

图 12 主楼立面图

2）曲面大雨棚造型独特

综合楼主入口采用了曲面大雨棚设计，该雨棚结构复杂，造型优美，观感质量良好（图 13）。表面平整、洁净，整幅玻璃的色泽均匀一致无污染、色彩一致，接缝均匀严密。整个雨棚呈波浪形围绕主体建筑，造型新颖大胆，体现了"水"的澎湃冲击力，使人眼前一亮。

图 13 门厅曲面大雨棚

3）综合楼斜曲面幕墙

综合楼的裙房外立面采用了外挑型斜曲面幕墙，造型前卫，设计新颖，表面光洁平整，转角处圆润顺滑，整体前倾，给人以视觉冲击，与入口处曲面雨棚相互协调，互相呼应，整个外立面形似潮水一般，激烈澎湃，扑面而来（图 14）。

图 14 斜曲面幕墙

4.4.2 内装饰

1）共享空间

医疗综合楼的共享空间是一个5层共享空间，空间效果简洁高效而富于变化。圆筒状玻璃天井在建筑外形中占有重要位置，大堂区域玻璃天井由于顶板的遮挡和连廊的分隔而略显破碎。通过倾斜的侧壁处理重新构建了玻璃天井的室内一端，使得室内顶棚板与玻璃天井有机过渡。扩大了天井开口面积，比例适度，曲线丰满，减弱了楼板的沉重感，显得轻盈生动（图15）。

图15　门厅共享空间

2）一层顶棚

一层顶棚细节呼应贯穿于建筑之中的大型玻璃雨棚，力求步入室内时产生与建筑高度一致的连贯感。下垂的四面体灯具点缀其中并向内汇聚，以三角形为单元表现水的纹理效果，铝板分为微孔及不穿孔部分从观光电梯及连廊区域开始向外侧渐变，表现了水的层次变化，富有流动性，微孔部分集中于人流密集区域具有吸声功能，能有效改善大堂的声环境（图16）。

3）医疗主街

医疗主街的顶棚与大堂协调以三角形为基础单元表现水的纹理，通过大小变化表现水的流动，立柱和边口采用白色铝板包封，增加了空间的通透感和光感度，墙面采用了深色的石材和浅色的饰面板，变化明快，交相呼应；在地面的处理上放弃了曲线，通过直线的交织组织产生的纹理进行有效过渡，变化丰富，手

法统一。整个主街在光影的辉映下熠熠生辉，十分出彩（图17）。

图16　吊顶　　　　图17　医疗主街

4）多媒体会议室

多媒体会议室是一个现代简约的空间，巧妙地运用不同的材料，块面相互穿插纵横，形成丰富的层次感，体现出一种设计上的张力，大气而不失严肃；顶面简约而生动的版块交相错落，可以增加声音的漫反射，达到理想的音质效果，灯具巧妙地点缀于版块之间，使整个装饰形成一体（图18）。

图18　会议室

5）综合楼地面

公共走道区地面采用PVC卷材铺贴，其面积达2500m²，表面色泽均匀、无裂纹，各项指标符合规范要求，整体装饰效果美观（图19）。

6）卫生间

卫生间设施布置合理，使用方便，器具安装牢固、美观（图20）。

图 19　PVC 地面

图 20　卫生间

4.5　电梯工程

1）门诊电梯厅

门诊电梯厅巧妙地利用电梯、护栏、走廊围出一个半开放空间；异形三角形的顶面和地面布置，统一协调，突出重点。地面石材采用异形拼花，色彩搭配合理，过渡平缓舒适，灯光下，整个电梯厅光彩出众，既能起到视觉聚焦、单独造景的作用，又能与整个装饰融为一体，提升整体装饰效果和档次（图 21）。

2）综合楼电梯厅

电梯厅墙面采用天然石材干挂饰面，其装饰面积达 1235m²，安装面积多，拼缝要求严密、整体平整度要求高，因此拼缝接口处的处理难度大，安装质量要求高，横竖缝符合规范要求，整体效果美观（图 22）。

图 21　门诊电梯厅　　　图 22　综合楼电梯厅

4.6　安装工程

1）电气工程

地下室母线、桥架安装横平竖直；防雷接地规范可靠，电阻测试符合设计及规范要求；箱、柜接线正确、线路绑扎整齐；灯具运行正常，开关、插座使用安全（图 23）。

2）给水排水工程

管道排列整齐，支架设置合理，安装牢固，标识清晰。给水排水管道安装一次合格，主机房设备布置合理，水泵房整齐一线，安装规范美观，固定牢靠，连接正确（图 24）。

图 23　配电间　　　　图 24　湿式报警阀

3）通风空调

支吊架及风管制作工艺统一，风管及空调管道连接紧密可靠，风阀及消声部件设置规范，各类设备安装牢固、减振稳定可靠，运行平稳（图 25）。

4.7　智能化工程

智能化子系统多重安全方案，高效数据管理，设备安装整齐，维护和管理便捷，布线、跳线连接稳固，线缆标号清晰，编写正确；系统测试合格，运行良好（图 26）。

图 25　冷冻机房　　　　图 26　消控中心

4.8　节能工程

外墙采用岩棉保温板，屋面保温层采用发泡水泥板，外立面幕墙采用 6Low-E+12+6mm 玻璃、铝合金断桥隔热型材；新风机组变频控制，风管采用闭孔橡塑保温隔热材料。节能工程所用材料均符合设计和施工规范要求，围护结构节能构造现场实体检测结果符合设计要求（图 27）。

4.9 净化工程

本工程净化区的建筑装饰应遵循不产尘、不积尘、耐腐蚀、防潮防霉、容易清洁和符合防火要求的总原则。净化区地面全部采用PVC卷材，要求具有抗静电、抗菌、防霉、耐磨、耐腐蚀、防滑、防垢的性能，墙面应使用不开裂、阻燃、易清洗和耐碰撞的材料，净化区内与室内空气直接接触的外露材料不得使用木材和石膏（图28）。

 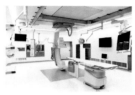

图27 屋面太阳能集热器　图28 医疗综合楼手术室

5 工程获奖情况

本工程在建设过程中，获得以下荣誉：

中国建筑装饰协会"中国建筑工程装饰奖"、中国施工企业管理协会QC小组成果二等奖、江苏省优质工程奖"扬子杯"、2016年第一批江苏省标准化文明示范工地、江苏省新技术应用示范工程、江苏省优秀工程设计三等奖、2016年第一批江苏省建筑业绿色施工示范工程、江苏省建筑施工标准化星级工地、江苏省建筑标准化监理项目、江苏省工程建设优秀质量管理小组二等奖、苏州市建筑行业协会QC小组成果奖、姑苏杯、狮山杯、实用新型专利等多项荣誉。

（张伟　许明　季建国）

16. 华泰证券广场1号楼及1号连廊
——中国江苏国际经济技术合作集团有限公司

1 工程简介

1.1 基本情况

华泰证券广场位于南京市建邺区CBD商务中心，江东中路与巴山路、奥体大街与富春江西街之间，为公共建筑（图1、图2）。总占地面积45346.71m²，总建筑面积约247789.09m²，其中1号楼及1号连廊建筑面积为84436.94m²。1号楼及1号连廊地上为对内业务楼，地下为机动车库和自行车库，其中地下 –2 层为人防。

工程质量目标为国家优质工程。工程于2010年5月31日开工建设，2018年8月9日竣工验收。

工程由华泰证券股份有限公司投资建设，江苏省建筑设计研究院有限公司设计，南京南房建设监理咨询有限公司监理，中国江苏国际经济技术合作集团有限公司主承建施工，深装总建设集团股份有限公司、上海江河幕墙系统工程有限公司、浩德科技股份有限公司参建。

图1 工程实景图

图2 俯视全景照片

1.2 设计理念

本工程设计灵感来源于中国古代钱币，突出了金融行业的特点，圆与方的结合又象征着天地融合，体现企业恢宏的气魄，入口大厅是一个14层通高的中庭空间，两侧分别布置交通核心筒，所有用房沿中庭的周边景观走廊外呈"U"形布置，中庭顶部采用玻璃采光顶，不仅解决建筑大进深的采光问题，而且营造了一个介于室内室外的过渡空间，优化了业务工作环境。在6、9层增加连接两侧的空中走廊，既方便联系，又丰富了中庭空间（图3）。

1.3 工程建设特（难）点

（1）工程追求绿色建筑理念，积极采用可再生能源及节能环保新技术、新材料。

（2）中庭采光顶张弦梁结构，高空散装就位难度大。

（3）空中钢桁架连廊，地面拼装、整体提升控制精度高。

（4）超高中庭空间采光顶玻璃及大面积墙面石材安装复杂（图4）。

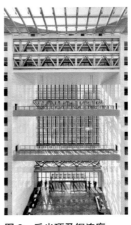
图3 采光顶及钢连廊

图4 超高中庭空间采光顶

（5）装饰装修交叉作业多、材料品种规格广、细部处理要求高（图5~图7）。

图5 大堂石材墙面　图6 中庭大堂　　　　　图7 会议室

图8 双层呼吸式幕墙　　图9 办公制冷机房　　　图10 消防泵房

（6）呼吸式幕墙工厂化生产、装配化施工，控制难度大（图8）。

（7）机电安装系统专业多、设备集中布置、管道排布密集、管理难度大（图9、图10）。

2　创建精品工程

2.1　建设过程质量管控措施

1）明确质量创优职责

质量创优职责见表1。

2）分解创优目标

分解创优目标见表2。

3）加强工程质量创优管理

进行质量创优策划、原材料、半成品采购管理、实施"样板引路制"、严格"三检"制，加强过程管控、积极推行QC活动、施工挂牌制度、成品、半成品保护、坚持质量例会制，定期邀请专家做创优指导培训。

质量创优职责表　　　　　　　　　　　表1

序号	组名	职务	职责
1	项目创优领导小组	公司总经理、总工程师	主要负责创优总策划及资源配置协调
2	总包管理协调组	项目经理	主要负责协调内外部创优工作安排、落实
3	技术管理组	项目总工、工程师	主要负责工程专项方案、示范工地、QC及科技成果的推广申报，创优策划的编制和审核
4	土建现场组	生产经理、工程师、技术员	主要负责现场土建工程的质量控制、亮点实施
5	机电现场组	机电工程师、技术员	主要负责现场机电工程的质量控制、亮点实施
6	资料组	项目总工、工程师、资料员	主要负责协调工程档案资料的收集、整理、组卷、归档，协调音像资料的收集、整理、存放
7	后勤组	办公室主任	主要负责创优前后期后勤保障

分解创优目标表　　　　　　　表2

序号	质量创优目标分解	完成情况
1	检验批验收	一次性验收合格
2	各分项、分部工程验收	一次性验收合格
3	南京市优质结构工程奖	已完成
4	单位工程验收	已完成
5	南京市优质工程奖	已完成
6	江苏省优质工程奖	已完成

2.2 重要部位及隐蔽工程质量检验情况

1）地基与基础分部工程

基础结构无裂缝、倾斜与变形，地下室无渗漏。1号楼设置沉降观测点29个，观测次数20次，最大沉降量18.33mm，最小沉降量16.07mm，最后一次的观测周期105d，最后一次观测周期内的沉降速率为0.001mm/d；1号连廊设置沉降观测点4个，观测次数9次，最大沉降量9.82mm，最小沉降量8.98mm，最后一次的观测周期105d，最后一次观测周期内的沉降速率为0.001mm/d。各单体建筑物沉降已进入稳定阶段。

回填土回填采用分层回填、分层夯实，环刀法见证取样检测共14处，均符合设计要求。

华泰证券广场工程基础共采用2791根（其中1号楼795根）钻孔灌注桩，其中灌注桩成孔质量检测119+159=278根，所检测灌注桩钻孔成孔的孔径、成孔垂直度及孔底成渣厚度均符合规范，满足设计要求；静载试验检测1号楼共计10根，占1.25%，承载力均符合设计要求；桩身完整性检测（低应变）1号楼共计795根，Ⅰ类桩780根，占98.1%，Ⅱ类桩15根，占1.9%，无Ⅲ类桩；桩身完整性检测（声波透射）72根，在声波有效深度范围内桩身完整，均属Ⅰ类桩（图11）。

图11　基础施工

2）主体结构分部工程

（1）钢筋工程。

钢筋工程总量12664t，复试试件121组均合格，52000个钢筋直螺纹套筒连接接头，抽样检测104组全部合格，钢筋（机械连接）力学性能抽样检测40组全部合格。主体结构钢筋间距及位置正确，马凳设置规范，保护层满足设计要求。

（2）混凝土工程。

本工程混凝土共计41124m³，混凝土结构线条顺直、阴阳角方正、内实外光，无影响结构安全的裂缝产生。标准养护混凝土抗压试块346组，抗渗试块73组，同条件养护混凝土抗压试块178组，经检测全部合格。

（3）钢结构工程。

钢结构共计601t，焊缝、高强度螺栓、钢结构防腐及防火涂料检测均满足规范与设计要求（图12、图13）。

图12 钢连廊提升1　　图13 钢连廊提升2

3）建筑装饰装修分部工程

（1）幕墙。

本工程石材及玻璃幕墙合计29192m²，分格清晰流畅、连接牢固，胶缝横平竖直、均匀饱满，大面平整亮洁、色泽一致，细部衔接流畅，整体精致美观；幕墙四性检测完全符合设计与规范要求，历经风雨考验无渗漏（图14）。

（2）顶棚装饰。

吊顶安装牢固，表面平整，缝格平直，色泽一致，无翘曲裂缝等缺陷。灯具、喷淋、烟感居中布置，排列有序。涂饰顶棚无裂缝、空鼓，表面光滑、洁净、平整（图15）。

图14 外幕墙　　图15 办公区走道

（3）墙面装饰。

石材墙面排列整齐、立面垂直、表面平整、阴阳角方正、接缝顺直均匀平整、色泽均匀；软包墙面平整紧绷、拼接缝隙顺直均匀、表面干净无污垢、油渍、残缺、跳线等；地下室、楼梯间及消防前室涂饰墙面色泽均匀、表面光滑、线条清晰，无刷纹、流坠、透底等现象。吸声墙面排版合理，板材无裂纹、缺棱掉角，尺寸方正、表面平整（图16）。

（4）地面工程。

砖地面粘贴牢固，表面平整，接缝顺直，色泽均匀协调（图17）。地毯纹理排列有序，观感高雅大方（图18）。石材地面排版均匀、整体平整、拼缝无高差，表面无划痕、孔洞裂缝，光泽度透彻。

地下车库细石混凝土地坪一次成型，环氧耐磨面层整洁美观、色泽一致，与基层粘结牢固，无裂缝空鼓现象，标识线条顺直，分色清晰（图19）。

图16 大堂石材墙面　　图17 大堂石材地面

图18 办公区地毯　　图19 地库环氧耐磨面层

（5）门窗工程。

门窗开启灵活、关闭严密、配件安装精细、整体观感良好。室内装饰门做工精细、典雅大方；防火门性能符合设计要求，收口美观、表面平整洁净、色泽均匀一致（图20）。

4）屋面分部工程

平屋面坡度合理无积水、细部做法精细，经蓄水检验均无渗漏。玻璃屋面安装牢固，排水通畅，密封可靠、无渗漏。保温厚度符合设计要求，保温隔热性能满足节能规范要求（图21）。

图20 防火门　　图21 太阳光热反射隔热涂料屋面

5）建筑给水排水及供暖分部工程

管道安装坡度合理、顺直，支吊架安装牢固，标识明确，卫生器具的支托架防腐良好，安装平整牢固，与器具接触紧密、平稳，接口无渗漏，使用正常（图22）。

6）通风与空调分部工程

各系统设备布置合理，安装规范；设备安装规范、保温美观、虾弯圆滑、标识清晰、阀门启闭灵活；分区、分系统调试及联动调试一次成功，运行良好（图23）。

7）建筑电气分部工程

电气工程屏柜安装整齐牢固，内部元器件

图22 地源热泵管道　图23 冷冻机房

布置合理，桥架及柜内管线安装整齐有序，标识清晰，接地及绝缘电阻测试合格（图24）。

8）智能建筑分部工程

智能建筑工程包含15个子系统，设计先进合理，布线排列整齐，设备安装规整，各项使用功能良好，各种检测数据准确，灵敏高，系统安全可靠（图25）。

9）建筑节能分部工程

屋面硬泡聚氨酯发泡、外墙岩棉保温板、幕墙玻璃等复验合格，外墙节能实体检验和建筑设备工程系统节能性能检测均符合设计要求。

10）电梯分部工程

11部客梯、2部观光电梯，2部消防电梯安装牢固、呼叫按钮灵敏、运行平稳、停层准确，经检测合格（图26）。

2.3 关键技术及科技进度

（1）本工程选用住房和城乡建设部建筑业10项新技术中的9大项22个小项，具体见表3。

图24 高低压配电房　　图25 消控中心　　图26 群控电梯

住房和城乡建设部建筑业10项新技术选用表　　表3

序号	大项名称	小项名称	应用部位
1	地基基础和地下空间工程技术	灌注桩后注浆技术	桩基础
2	混凝土技术	轻骨料混凝土技术	屋面找坡、卫生间
3		混凝土裂缝控制技术	底板
4	钢筋及预应力技术	高强钢筋应用技术	主体结构
5		大直径钢筋直螺纹连接技术	主体结构

续表

序号	大项名称	小项名称	应用部位
6	钢筋及预应力技术	有粘结预应力技术	高大模板区域梁
7		锁结构预应力施工技术	钢结构屋面
8	钢结构技术	深化设计技术	幕墙、钢结构
9		钢结构与大型设备计算机控制整体顶升与提升安装施工技术	1 号楼
10		钢与混凝土组合结构技术	连廊一、四
11	模板及脚手架技术	清水混凝土模板技术	框架柱
12		组拼式大模板技术	核心筒剪力墙
13	机电安装工程技术	管线综合布置技术	安装工程
14		金属矩形风管薄钢板法兰连接技术	暖通风管
15	绿色施工技术	基坑施工封闭降水技术	基坑
16		基坑施工降水回收利用技术	基坑
17		预拌砂浆技术	二次结构及抹灰
18		工业废渣（空心）砌块应用技术	地下室填充墙
19		铝合金窗断桥技术	外窗及幕墙
20		建筑外遮阳技术	外窗、采光顶
21	抗震、加固与监测技术	深基坑施工监测技术	基坑
22	信息化应用技术	工程量自动计算技术	土建广联达算量软件

江苏省建筑业 10 项新技术选用表　　　　表 4

序号	大项名称	小项名称	应用部位
1	地基基础与地下空间工程技术	地下水控制技术	深基坑
2		三轴水泥土搅拌桩施工技术	深基坑
3	建筑幕墙应用新技术	外呼吸式双层玻璃幕墙	外幕墙
4		单元式幕墙应用技术	外幕墙
5		后切式背栓连接干挂石材幕墙应用技术	外幕墙
6	建筑施工成型控制技术	混凝土结构用钢筋间隔件应用技术	主体结构
7		超长楼地面整浇技术	地下室
8		自流平树脂地面处理技术	地下室
9	废弃物资源化利用技术	工地木方接木应用技术	主体结构

（2）本工程选用江苏省建筑业 10 项新技术中的 4 大项 9 子项，具体见表 4。

（3）在建设过程中，探索并发掘了一些新技术和 QC 成果，具体见表 5。

新技术和 QC 成果表　　表 5

序号	类别	名称
1	专利	一种单层防水卷材屋面
2	QC 成果	提高屋面防水卷材施工质量一次验收合格率

2.4 节能环保措施与成效

本工程节能环保措施主要有：墙体保温节能主要采用 60mm 厚岩棉板 +225mm 厚 B06 级蒸压加气混凝土；幕墙为隔热多腔密闭铝合金型材玻璃幕墙，双层呼吸式幕墙，面板形式为 6Low-E+12A+6 中空夹胶玻璃（内侧）+6mm 单片钢化玻璃(外侧)+30mm 花岗石(不锈钢背栓)+2mm 铝单板（层间衬板）；门窗采用断热铝合金型材，玻璃为 8+12A+8+1.52+8 中空夹胶玻璃；屋面采用 60 厚 II 型硬泡聚氨酯复合保温防水层；采用冰蓄冷 + 油气两用热水锅炉的冷热源方案，空调设备采用 1 台 800RT 离心式机组 +2 台 900RT 双工况离心冷水机组 +1 台螺杆式冷水机组，空调风管、水管、冷凝水管采用 B1 级闭孔橡塑保温，蒸汽管、凝结水管采用憎水型离心玻璃棉，采用地板送风空调系统，有效排除室内污浊空气和上部照明热负荷，节能环保，可再生能源利用主要为地源热泵空调系统（5 号、6 号楼商务酒店生活热水）；−1 层地下室照明采用 20 套索乐图 330DS 管道式光导照明系统，节约能源。经省民用建筑能效测评机构检测符合相关要求，并获得二星级绿色建筑设计标识和 LEED 金级绿色建筑认证。

3 工程获奖与综合效益

工程施工过程中未发生质量事故及人员伤亡事故，无拖欠民工工资现象，获得了全国优秀工程勘察设计行业奖优秀建筑环境和能源应用一等奖、建筑工程一等奖，江苏省建筑业新技术应用示范工程，江苏省优秀质量管理小组，江苏省优质工程奖"扬子杯"，2021 年度国家优质工程奖、取得实用新型专利 1 项，创造良好的经济效益。

工程建成后大大改善华泰证券的硬件环境，提供更为完善的证券交易服务平台，扩大了社会就业，提高财税收入，促进了南京河西金融中心的形成与完善，获得了社会各界的高度评价，该工程已成为地区标志性建筑。交付两年以来，结构安全可靠，设备运转正常，各系统功能良好，满足使用功能要求，各方非常满意。

（孙浩光　倪伟民　蒋磊）

17. 绿景·NEO（苏地 2007-G-22 号地块）
——江苏正裕建筑安装工程有限公司

1 工程简介

1.1 工程概况

绿景·NEO（苏地 2007-G-22 号地块）项目位于苏州市吴中区塔韵路与北溪路交汇处，是一栋超高层高端商务办公楼，工程占地面积 14592.4m²，总建筑面积 81581.97m²。地上 35 层、地下 2 层、裙房 3 层，建筑高度 150m（图 1）。

本工程由苏州新兴地产有限公司投资，启迪设计集团股份有限公司设计，江苏正裕建筑安装工程有限公司施工总承包。

项目地块道路呈半环形布置，上接主干道，下连建筑物各个出入口。车行出入口有两个，与南侧道路交接汇入主路；主要的商业入口位于开放空间的焦点——地块东侧，亦为周边区域人流聚集的中心。东北面连同南边的商业步行出入口共同形成连续的商业流水线，以满足各个方向人流接入要求。沿塔韵路地铁 4 号线已完工，西侧地铁的出入口与之联系紧密（图 2）。

图 1　项目全景图　　图 2　项目周边交通

1.2 社会经济效益

项目实施将改变目前当地相对空旷的现状，增添区域良好的商业氛围，促进人口的聚集、增加，当地的其他设施将同步配套，从而推动区域经济发展，同时也将形成健康卫生的生活环境。

项目建成后通过引入购物休闲等服务业，提高社会服务业的服务质量。项目的建设同时将加快苏州市吴中区城市化进程，有利于构建城乡一体化的和谐社会（图 3~ 图 6）。

图 3　项目周边环境　　图 4　项目配套设施

图 5　项目休闲中心　　图 6　项目商业中心

2 创建精品工程

2.1 工程管理

1）创优目标

工程开工前就明确了创优目标，并精心策划、详细部署。

质量方面：争创"国家优质工程奖"。

工期方面：严格按合同工期施工。

成本方面：积极推行技术和管理措施，争取获得良好的经济效益，不拖欠劳务费用。

安 全 文 明 施 工：推 行 HSE（Health，Safety，Environment）管理，杜绝重大伤亡，

实施零伤亡施工，争创苏州市、江苏省"建筑施工标准化文明示范工地"。

2）各相关方的动态管理

建设单位：主要通过选择优秀的供应单位，严格控制材料质量和设备的选购。对整个施工过程实施动态管理，包括操作程序的质量管理。

勘察、设计单位：确保设计科学性、合理性、经济性，交底明确，并派专业设计工程师对工程进行跟踪，参与检查验收。

监理单位：严把工程材料验收关，进场材料逐批逐件检验。严格执行隐蔽工程验收及各专业会签制度。

施工单位：开工即确定创国家优质工程的目标，成立创优领导小组。施工过程中样板先行，一次成优，严格按照国优标准管控。

2.2 策划实施

1）国家优质工程质量目标分解

成立项目创优领导小组，落实创优工作，并逐级签订责任书和承诺协议，从公司到项目部层层落实到人，将工程创优完成情况与经济效益挂钩。

2）明确责任目标

建立完善的质量保证体系，实现精细化管理和标准化施工（图7）。

3）样板引路

坚持实行样板引路、以点带面，从工序质

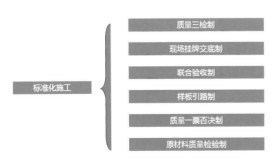

图 7　标准化施工

量着手，严把分项工程质量关，确保过程质量（图8）。

4）成立 QC 小组

成立绿景·NEO（苏地 2007-G-22 号地块）项目 QC 小组，课题是：提高施工现场临边洞口安全防护合格率。课题类型为现场型，并荣获 2020 年江苏省建筑行业协会质量管理小组Ⅲ类成果奖。

5）全国项目管理成果交流

绿景·NEO（苏地 2007-G-22 号地块）项目完成了标题为《创新施工技术，智造精品工程》项目管理成果，成功申报并参加了全国建设工程项目管理成果现场交流发布会，取得了一定成绩。

图 8　各类样板及成型效果

2.3 难点重点把握

（1）周边环境复杂，场地狭小。

对策及措施：基坑三面采用钢筋混凝土内支撑。重点把握地下室深基坑内支撑拆除与换撑等工序穿插，加强配合协调（图9）。

图 9　地下室基坑支护

（2）基坑超大、超深，基坑支护系统变形控制难度大。

对策及措施：基坑东侧为拟建轨交 4 号线，靠北部为已建成的 1 号出入口，靠南部为待建 2 号出入口，西侧为河流和市政桥梁，建筑物地下室外边线距建筑红线只有 3m 左右，西北侧为成熟的商业区，人流车流、地下管线密集；基坑开挖面积 11940m²、开挖深度塔楼 12.25~15.5m，裙房 9.6~10.75m；超大深基坑变形控制要求高，设计采用 800mm 厚地下连续墙钻孔灌注桩支护+靠 4 号线地铁处采用 2 道钢筋混凝土支撑，其他部位采用 1 道钢筋混凝土支撑+基坑变形监测，确保基坑变形可控（图 10、图 11）。

（3）筏形基础结构超厚，大体积混凝土质量控制难度大。

对策及措施：筏板最大断面为 47.7m×36m×3m（深），现场采用低放热、低收缩的大体积抗渗混凝土；预埋循环水管降

温；采用溜槽+地泵的浇筑方式，提高浇筑效率，浇筑完成后实施不间断测温，及时调整保温措施，有效控制混凝土开裂风险（图 12、图 13）。

图 12　筏板钢筋绑扎　　图 13　电梯井施工

（4）塔楼外墙采用附着式升降脚手架，安全管控难度大（图 14）。

（5）外墙幕墙面积大、要求高。

整个项目幕墙面积达 3.5 万 m²，其中塔楼部分约 2 万 m²，项目部拟采用单元式幕墙施工技术，可以有效提高超高层建筑垂直运输的效率，降低了超高层建筑高空幕墙系统安装的难度。多种幕墙体系接缝防水处理难度大，施工过程测量定位要求高，严格控制基准轴线及边线，利用幕墙公差，在合适的位置设立参照基准轴线，保证龙骨正确的左右位置和进出位置。幕墙侧边上的玻框，既要保证玻框压紧，又要保证结构胶连接呈封闭形状，使玻框和玻璃板块结合成一个牢固的整体（图 15）。

（6）工程主体为超高层办公商业,体量大,跨度大,系统复杂,施工工期紧,施工时需协

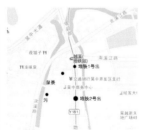

图 10　地下室基础施工　　图 11　项目区位图

图 14　附着式升降脚手架　　图 15　外立面幕墙

调穿插确保按时移交工作面（图16、图17）。

（7）本工程商业用房空间大，对通风空调使用功能要求高，施工阶段加强材料进场及过程管控，确保最终使用功能的实现（图18）。

（8）超高层建筑机电设备系统庞大，专业机房多，竖向分区多，系统调试复杂，联动调试组织实施难度大，各专业分区段调试是施工的重点、难点（图19）。

图16　塔楼商务办公　　图17　裙楼商业街

图18　裙楼屋面空调机组　　图19　变配电室

2.4　各分部质量情况

1）地基与基础工程

工程基础设计安全等级为一级，地基基础设计等级为甲级，建筑桩基设计等级为甲级。总计814根混凝土灌注桩，竖向承载力检测和桩身完整性检测，满足设计和规范要求（表1）。

筏形基础钢筋绑扎、机械连接牢固可靠，钢筋保护层厚度、间距符合规范要求（图20、图21）。

图20　基础钢筋连接　　图21　基础钢筋绑扎

2）主体结构

主体混凝土结构外光内实，梁柱板相交线清晰、美观，轴线标高正确，几何尺寸准确（图22、图23）。

图22　裙楼混凝土结构　　图23　塔楼混凝土结构

本工程测塔楼布设16个观测点、裙房布设36个观测点。塔楼共计进行34次沉降观测；裙楼共计进行19次沉降观测，经测量计算塔楼、裙楼沉降均匀，已稳定（图24、图25）。

工程建筑高度150m，全高垂直度最大偏差为5mm，符合规范要求（H/1000及30mm）（图26）。

混凝土灌注桩检测表　　　　　　　　　表1

基础类型	桩数	检测类型	检测根数	检测比例	检测结果
混凝土灌注桩	814根	低应变	503	61.8%	Ⅰ类桩94.04%，Ⅱ类桩5.96%
		超声波	10	22.2%	总数45根，检测10根，Ⅰ类桩10根，100%
		钻芯	19	—	全部合格
		抗拔	9	—	符合设计要求
		静载	13	1.6%	符合设计和规范要求

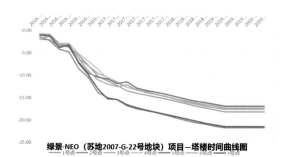

图 24　塔楼沉降曲线图

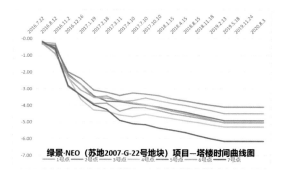

图 25　群楼沉降曲线图

3）建筑装饰装修

大堂中空 14m 挑高、12.4m 跨度，吊顶表面洁净、色泽一致，吊杆龙骨顺直、无变形，灯具、烟感与饰面板交接吻合严密（图 27）。

图 26　塔楼外立面　　　图 27　大堂

墙面采用石材、铝板等多种材质，石材造型独特，与弧形吊顶整体协调美观，转角部位整料定制，石材纹路衔接自然（图 28、图 29）。

吊顶地面上下呼应，吊顶采用多种板块拼装，四周设置灯槽，光线连续。吊顶内灯具、

图 28　石材墙面　　　图 29　铝板墙面

喷淋、烟感成行成线（图 30）。

墙地砖密缝铺贴，表面平整，拼缝延续对齐，衔接自然（图 31）。

图 30　电梯厅　　　图 31　走道

公共部位墙面不同材料交界处设置金属条，嵌缝密实，美观大方，与成品踢脚线衔接自然（图 32、图 33）。

图 32　乳胶漆墙面　　　图 33　瓷砖墙面

公共卫生间地面石材、洗手台、墙面砖、柜门、镜面对缝居中（图 34、图 35）。

楼梯踏步采用环氧地坪漆饰面，高宽一致；楼梯段板下沿连续设置滴水线，楼梯栏杆扶手高度符合规范要求（图 36、图 37）。

地下车库细石混凝土面层一次性压光成形，无空鼓、裂缝。地下车库交通组织合理，标识齐全醒目（图 38）。

图 34 洗手台

图 35 卫生间

图 36 楼梯踏步

图 37 楼梯扶手、梯板滴水线

4）屋面工程

屋面表面平整，排水坡向准确，分格缝顺直饱满，设备排布整齐，无积水、无渗漏（图 39）。

图 38 地下车库

图 39 屋面设备

出屋面构件精细化、小品化，排气口成行成线；支墩棱角方正，标识醒目，构架梁设置成品滴水线条（图 40）。

跨管道设置钢栈桥，方便通行（图 41）。

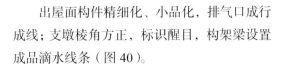

图 40 屋面构件

图 41 屋面管道

构架梁设置成品滴水线条，成品效果顺直美观，颜色分明（图 42）。

图 42 屋面构架

5）建筑给水排水及供暖

管道排布规范统一、标识明晰（图 43~图 45）。

图 43 雨水管、消防管

图 44 污水管

图 45 消防报警阀

6）通风与空调

屋面空调机组接地可靠，冷媒管穿线槽保护（图46）。

暖通设备安装成列成行、运行稳定。管道标识醒目，穿墙封堵严密（图47）。

图46 屋面空调机组　　图47 水泵房

7）建筑电气

配电房、发电机房布置合理，配电柜与基础型钢之间连接牢固、接地可靠。电缆桥架、封闭母线安装横平竖直，接地跨接规范美观（图48、图49）。

图48 配电房　　　　图49 发电机房

安装工程经过管线综合平衡布置，走向科学合理，管道及配件安装成排、成线，整齐划一，标识齐全醒目，穿墙周边封堵严密（图50、图51）。

8）智能建筑

现代化的机房控制中心，智能建筑分部9个子分部功能匹配，信号兼容，智能化系统集成管理，可靠灵敏，运行稳定（图52）。

9）建筑节能

屋面太阳能光伏发电板与周边环境协调统一、性能稳定、节能环保、支架牢固（图53）。

图53 太阳能光伏

外立面玻璃幕墙外侧设有不锈钢遮阳板，线条顺直流畅、立面效果刚直大气（图54）。

10）电梯

电梯停层准确，运行平稳；电梯机房安装规范，限重标识醒目，设备运转正常（图55）。

图54 塔楼幕墙　　　图55 电梯机房

2.5 技术攻关

本工程施工中，针对技术难点主动创新，应用住房和城乡建设部建筑业10项新技术中的9大项共23子项，其他新技术2项；应用江苏省建筑业10项新技术中8大项9子项（表2）。

图50 桥架及管道　　　　　图51 屋面设备　　　　　图52 机房控制中心

新技术推广应用情况一览表

表 2

序号	项目	子项	应用部位
住房和城乡建设部建筑业 10 项新技术			
1	1. 地基基础和地下空间工程技术	1.1 灌注桩后注浆技术	桩基
2	2. 混凝土技术	2.5 纤维混凝土	地下室底板、外墙
3		2.6 混凝土裂缝控制技术	
4	3. 钢筋及预应力技术	3.1 高强钢筋应用技术	地下室底板、框架柱梁
5		3.3 大直径钢筋直螺纹连接技术	
6	4. 模板及脚手架技术	4.1 清水混凝土模板技术	核心筒
7		4.11 附着升降脚手架技术	外墙
8	6. 机电安装工程技术	6.1 管线综合布置技术	地下室、设备层
9		6.2 金属矩形风管薄钢板法兰连接技术	地下室及主体
10		6.5 大管道闭式循环冲洗技术	地下室及主体
11		6.7 管道工厂化预制技术	主体
12	7. 绿色施工技术	7.1 基坑施工封闭降水技术	基坑围护
13		7.2 基坑施工降水回收利用技术	
14		7.3 预拌砂浆技术	填充墙及粉刷
15		7.8 工业废渣及（空心）砌块应用技术	填充墙砌体
16		7.9 铝合金窗断桥技术	幕墙
17		7.10 太阳能与建筑一体化应用技术	屋面
18		7.12 建筑外遮阳技术	幕墙
19	8. 防水技术	8.7 聚氨酯防水涂料施工技术	屋面及卫生间
20	9. 抗震加固与改造技术	9.7 深基坑施工监测技术	基坑
21	10. 信息化应用技术	10.3 施工现场远程监控管理及工程远程验收技术	施工现场监控
22		10.7 项目多方协同管理信息化技术	管理
23		10.8 塔式起重机安全监控管理系统应用技术	塔式起重机
24	11. 其他新技术	11.1 内墙 ALC 板新型墙体材料施工技术	内分隔墙
25		11.2 太阳能光伏发电应用技术	屋面
江苏省建筑业 10 项新技术			
1	1. 地基基础和地下空间工程技术	1.7 地下工程控制周边环境影响施工技术	基坑
2	2. 建筑工程测量技术	2.1 JSCORS 实时定位技术	整个工程
3	3. 建筑新机具、新设备应用技术	3.2 塔式起重机辅助控制技术	塔式起重机
4	4. 现浇混凝土及防水技术	4.1 地下现浇混凝土抗裂防渗应用技术	地下室结构
5	6. 机电安装工程技术	6.4 PVC 成品式预埋套管应用技术	卫生间
6	7. 建筑装饰工程技术	7.1 新型板材幕墙	
7	8. 绿色施工与建筑节能技术	8.5 建筑外遮阳技术	
8	10. 数字工地应用技术	10.2 建筑起重机械监控应用技术	
9		10.3 视频监控应用技术	

2.6 节能与绿色施工

项目全过程采用绿色施工技术，获评为江苏省建筑施工标准化文明示范工地。

1）设计节能

本项目甄选最优方案，极力提高能源利用率，最大限度降低能耗，以此获得理想的节能效果。

总平面布置、立面、户型设计充分利用自然条件进行通风、采光；照明灯具选用节能型光源；洁具采用节水型洁具；内隔墙采用新型节能环保材料 ALC 板。

2）绿色施工

项目在施工过程中采取雨水回收二次利用、污水经过沉淀排放；基坑采用灌注桩 + 钢筋混凝土内支撑的支护形式；混凝土泵管冲洗砂石利用、短木方接长再利用、提升式全钢爬架；节能照明、大功率设备变频控制、空气能热水器；裸土覆盖、雾炮降尘、噪声监测等一系列措施。

真正践行"四节一环保"，将施工对环境造成的影响降到最低，实现良好的社会效益和经济效益（图 56）。

3 获得的成果

本工程先后取得了质量管理 QC 小组活动

三级沉淀池　　　　低噪声拉直机

塔式起重机变频控制　　施工垃圾集中回收

废钢筋制作马凳　　　楼承板工厂化加工

图 56　绿色施工

成果和专利等多项科技管理类奖项，获得苏州市优质工程"姑苏杯"、江苏省建筑施工标准化文明示范工地、江苏省优质工程"扬子杯"，最终成功荣获国家优质工程奖，创优工作圆满达成预定目标（图 57~ 图 63）。

图 57　质量管理成果奖　　　图 58　QC 小组活动成果奖　　　图 59　苏州市"姑苏杯"

图 60　江苏省建筑施工标准化文明示范工地

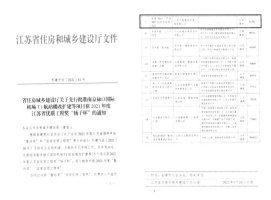

图 61　江苏省优质工程"扬子杯"

图 62　设计水平评价三类成果

图 63　国家优质工程奖

（张旭　唐兵　艾玉才）

18. 南通市党风廉政建设教育中心 ——南通四建集团有限公司

1 工程概况

南通市党风廉政建设教育中心项目位于南通市主干道人民中路北侧，与校北路交叉口，包括 1 号综合楼、2 号楼、3 号楼、6 号楼及两个门卫室等 6 栋单体。本项目为多层民用公共建筑，工程总造价 4.20 亿元，总建筑面积 64919m²，其中地上 50917m²，地下 14002m²（含人防面积 5002m²），总工期为 365d，地下 -1 层，地上：1 号楼 15 层、2 号楼 3 层、3 号楼 4 层、6 号楼 5 层（图 1）。

图 1　整体布局

南通市党风廉政建设教育中心项目是江苏省、南通市贯彻落实《中共中央关于加强党风廉政建设教育实施纲要》，推进完善廉政建设而重点打造的集学习培训、科技办公和廉洁文化宣传为一体的综合性项目，是南通市乃至江苏省开展党风廉政建设宣传教育工作的重要平台。

工程外部通过黑白灰的色彩运用及坡屋面的穿插与变化展现出新中式建筑的庄重大方，内部设施先进，功能齐全，充分体现党中央对党风建设工作必须"忠诚、干净、担当"的精神要求。

工程由南通市党风廉政建设教育中心兴建，南通市建筑设计研究院有限公司设计，南通四建集团有限公司总承包施工。

2 工程主要特点及施工难点

2.1 工程主要特点

特点 1：建筑外观：庄严宏伟。

项目外观造型创意来源于对本建筑使用功能的充分理解与升华，运用黑白灰色彩，整体楼装棕黄色石材幕墙，屋顶以超长超宽外挑檐并辅以深褐色铝板幕墙及挑檐装饰，斜坡屋面铺盖深色陶土瓦，从而重点表现出一种庄严宏伟、威严肃穆，充分展现该办公建筑特殊的文化环境（图 2）。

图 2　外立面

特点 2：建筑功能：智能先进。

以先进、安全、实用为原则，以创全国一流为目标，通过信息系统的智能建设支撑办公工作更加规范、便捷。科技办公区域是教育中心的重要组成部分，其运用高科技手段设置学习室，装备高分辨率视频、音频监控设备，与指挥室、会议室形成闭合网络，既可通过监控设备实时掌握详细情况，也可将学习教育现场进行实时录播，对外开展现场培训教育。党风廉政教育展厅和视频教育厅，承担着面向党员干部和社会各界开展反腐倡廉教育的重要角色，可常年组织开展党风廉政建设宣传教育活动，主要通过文字、图片和声光电等现代科技手段展现出来，生动而震撼（图3）。

特点3：设施环境：以人为本。

人性化体现在本建筑的每个角落，既有对外学习培训人员的人性化，也有对内办公人员的人性化，专门设有运动健身区、业余活动区、读书学习区、休闲茶饮区以及露台园林区（图4）。

图3　智能研判室　　　图4　健身运动区

特点4：内外装饰：精工装配。

工程内外装饰材料如石材、木饰面板、氟碳漆钢板等大量采用工厂加工，标准化生产、成品化、装配式施工（图5）。

特点5：项目管理：信息智慧。

施工管理的智慧和信息化体现在基于BIM模型的现场施工管理技术应用和互联网的项目多方协同管理技术应用，使用我公司开发的"筑材网"在材料采购中的运用，保证了所采购材料的质量；使用技术云平台提高方案审核效率、达到资源共享效果；使用劳务实名制考勤管理和绩效管理，提高了职工的积极性，保证施工质量等（图6）。

2.2　工程施工难点

难点1：深基坑，底板面积大，地下水位高，混凝土抗裂要求高，施工难度大。

工程基坑深度深达7.0m，地下室底板面积达16000m²，筏板厚度1200mm、1800mm，地下室外墙周长820m，且地下水位较高，混凝土防渗、抗裂要求高，施工难度大。施工中采用混凝土中掺FQY镁质高性能膨胀抗裂剂等技术，对混凝土的配合比、养护、后浇带的封堵时间等进行优化和严格控制（图7）。

难点2：高支模部位多，高度高，跨度大，施工难度大。

1号楼首层服务大厅、3号楼大会议室、羽毛球馆等诸多部位存在高大模板，合计2600m²，支模净高达到10.5~15.0m，结构梁截面尺寸、跨度均较大，大会议室上空六榀结构反梁截面尺寸达到500mm×1500mm，梁跨度达25m（图8）。

图8　高支模排架

 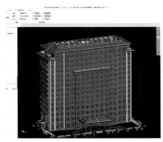 

图5　标准化生产　　　图6　BIM模型　　　图7　深基坑施工

难点 3：结构外挑檐悬挑长度大，凌空高度高，施工难度大。

屋顶四周均交圈设置结构外挑檐，四周挑檐悬挑长度 3.6~5.5m 不等，1 号楼 15 层外挑 4.0m（高度为 57.13m），其阳角悬挑长达 7.50m，采用型钢悬挑平台施工，安全可靠（图 9、图 10）。

图 9　悬挑平台体系　　　图 10　悬挑主钢梁

难点 4：装饰装配化程度高，种类规格多样，二次深化量大，加工安装精度高。

工程外装饰材料，如石材、铝板等，大量采用工厂化加工，标准化生产，装配式施工，种类多、规格多样，累计面积 42000m²，深化设计工作量大，现场放线、安装精度、安装质量均要求高，施工难度大（图 11）。

难点 5：挑檐铝板折线造型，构造复杂，悬挑宽而面积大，安装难度高。

屋顶四周挑檐铝板幕墙，造型成阶梯式，骨架构造复杂，悬挑跨度大，单块铝板板面尺寸大，工厂加工及现场施工难度大（图 12）。

图 11　装配化施工　　　图 12　铝板挑檐

难点 6：石材幕墙临窗折线造型复杂，安装难度大。

22000m² 石材幕墙，窗边层次突出，石材幕墙折线造型拼接复杂，其骨架造型焊接量大，施工空间小，安装精度要求高，施工难度大（图 13）。

难点 7：内装饰做法多，线条复杂，细部收口多，不同材料交接多，施工难度大。

吊顶中灯孔、喷淋等末端设备的定位，顶面与墙面交接处理，不同材料间的搭接、收口处的饰面等细部处理均影响到工程的整体装饰效果，质量控制难度大（图 14）。

图 13　石材幕墙造型　　　图 14　装饰吊顶

难点 8：屋面设备多、基础多，设备安装及设备基础细部处理要求高，难度大。

同时屋面空调、管道、桥架密集，日常维护检修行走障碍多、难度大（图 15）。

难点 9：工程涉及专业众多，专业设计及施工协调量大，施工安装要求高，管线敷设复杂，智能化程度高，系统调试难度大（图 16）。

图 15　屋面设备　　　图 16　消防管道

难点 10：3 号楼报告厅吊顶，观众座席顶部为石膏板造型吊顶，白色乳胶漆饰面，设置灯槽、灯带及投光灯等灯光效果；主席台顶部为通透式格栅吊顶。座席采用阶梯式，做到视觉无死角（图 17）。

图 17　报告厅吊顶装饰

3　质量过程控制与管理

3.1　质量创优管理

3.1.1　建设单位

在施工合同中明确了一次性验收合格，确保省优"扬子杯"，争创"国优奖"的质量目标，选择优秀设计、监理、施工单位，积极组织相关各方共同创优。

3.1.2　设计单位

在施工过程中，设计单位加强与建设、监理、施工方的沟通联系，不断加强二次深化设计，及时处理设计问题。

3.1.3　监理单位

监理单位根据工程特点，重点审查拟采用的工艺标准、质量控制措施、施工组织保证措施等是否合理，技术上是否可行。

3.1.4　施工单位

（1）健全体系，明确目标：组织各参建单位共同创优，落实"创国优奖"的质量目标，建立以建设单位为主导，设计、监理、总包、各参建单位相互联动、相互监控的质量管理体系。

（2）质量策划：编制《质量创优计划》，将创国优奖目标分解到各工序，指导创优施工，量化制度保障。

（3）开展 QC 活动：成立了项目质量管理攻关小组，广泛开展创新和改进活动，应用 PDCA 循环原理进行质量管理。

3.2　工程施工情况

3.2.1　工程管理

（1）建立项目管理体系。建立了覆盖所有施工相关方和施工管理各环节的组织管理体系，并将此体系作为质量管理体系，工程管理凸显质量控制。项目管理体系在公司领导下组织建立，挑选公司内经验丰富、技术水平高、质量管理能力强的精干专业人员组成专业职能健全、岗位齐全的项目管理部，由项目经理组织项目管理和实施。

（2）建立创优保证体系，由业主（代建）、监理、施工、设计单位组成的联合创优小组。在此基础上，结合工程规模和特点，组建一支由经验丰富的项目经理担纲、涵盖工程各专业的创优实施团队；成立施工深化设计小组，对工程质量精心策划，做到质量事前控制；成立创优专项检查小组，检查创优方案与计划的实施情况，实行过程考核，确保工程创优工作有效推进（图 18）。

3.2.2　项目策划

公司在充分研究项目特点、难点基础上，确立了：

（1）争创"国家优质工程奖"的质量目标；制定了创优实施计划，对创优目标进行层层分解。公司与各分包单位签订了《质量管理协议》，项目部与各分包专业负责人均签订了《质量管理目标责任状》，统一目标，明确责任。

（2）创建"江苏省绿色施工示范工程"的绿色施工目标，在施工过程中贯彻"四节一环保"宗旨，实现绿色施工。

（3）积极开展 QC 小组活动，解决公司以往施工项目通过回访发现的质量通病问题；进行技术创新，解决存在的上述问题，并形成至少一项专有的新的施工技术和施工工法，提高

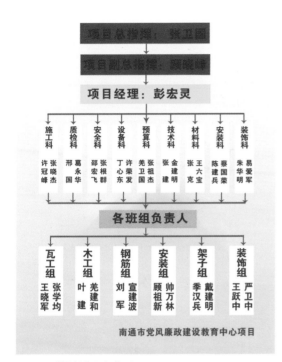

图18 质量创优组织体系

质量水平，降低工程成本，缩短工期。

3.2.3 过程控制

公司和项目部落实过程控制制度:《方案先行》《技术交底制度》《质量奖罚制度》等。根据经审批的《样板方案》，在各施工阶段，开展工序质量实物样板施工展示。装饰施工之前，在1号综合楼5层1个客房标间做了1个样板间，基本囊括了装饰、安装专业的主要施工内容，质监、业主、设计、监理、代建等各方进行样板评定并确认，作为施工标准。

在质量管理工作中努力做到"五个坚持"：

（1）坚持"以预防为主"原则；

（2）坚持"用质量标准严格检查，一切用数据说话"原则；

（3）坚持"样板引路"原则；

（4）坚持落实"检查、复核及整改"工作；

（5）坚持"月检制"。

3.3 绿色施工

项目部自工程开工就成立了以项目经理为第一责任人的创"省级绿色施工示范工程"管理小组，将责任落实到项目部相应部门和责任人。在施工中推行"四节一环保"的措施：采用基坑降排水，雨水收集利用，施工及生活用水分别计量管理等节约措施。现场建筑垃圾分类，回收利用，最大限度地节约建筑材料；收集利用管井降水，工地四周设置环形喷雾装置、雾炮机等进行扬尘控制，工具式定型化临时设施等技术，达到降低能源消耗，保护环境等效果。在绿色施工技术与创新上取得了很好成绩，成效显著。工程2019年度已通过省级验收评审为江苏省建筑业绿色施工示范工程。

4 工程设计的主要质量特色

亮点1：建筑立面及色彩汲取了新中式建筑的审美观点，运用黑白灰色彩，局部点缀棕黄色，通过坡屋面的穿插与变化，丰富了建筑的天际线，同时建筑外观立面均设计超宽混凝土悬挑外挑檐，形成庄重、大方的特点（图19）。

亮点2：外立面由石材幕墙、铝板幕墙组成，采用ArtDeco（阿戴克）风格，以拔地而起、傲然屹立的非凡气势给人印象深刻（图20）。

图19 建筑庄重大方　　图20 石材铝板幕墙

亮点3：3号楼大会议室，结合建筑四坡屋顶构造形式，采用了大跨度混凝土三角桁架作为受力体系，三角桁架作为空间受力结构形式，大大削减大跨度引发的两侧柱端弯矩，有

149

效控制造价，满足了建筑高大空间的功能需求（图 21）。

亮点 4：利用太阳能光伏与机动车棚顶结合设计，使得外观和实际使用效果均满足业主使用要求（图 22）。

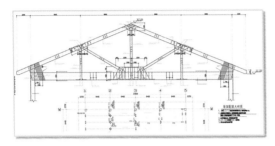

图 21 混凝土三角桁架体系

图 22 光伏停车棚

5 工程施工的主要质量特色

亮点 1：地下室混凝土地坪一次成型且平整度高，通过采用激光水平仪来控制地坪的平整度，采用分层作业依次完成垫层、找平层、结构层、面层等各功能层施工，抗裂效果好，标识醒目、规范、光彩亮丽（图 23）。

亮点 2：外立面大量复杂石材造型柱充分表达层次感、立体感，凸显建筑挺拔时尚线条感，并采用密封胶弱化石材缝，增加对比度；构造上采用后切式背栓连接，有效抵御地震冲击和动力荷载作用（图 24）。

图 23 地库地坪　　　　图 24 石材造型柱

亮点 3：外挑檐塑造大跨度铝单板造型，保证板面平整顺直，阶梯式折线造型使得建筑幕墙凹凸有致，层次分明。檐口吊顶处使用"瓦楞板"增强了光亮视觉效果（图 25）。

亮点 4：屋面混凝土构架梁尺寸准确，阴阳方正、棱角分明，整体成排成线（图 26）。

图 25 铝板挑檐　　　　图 26 屋面构架

亮点 5：大厅顶棚白色基调，严肃认真，大堂显眼位置设置了"全面从严治党"六个大字。吊顶板块间距均匀、对接精细、端部整齐（图 27）。

亮点 6：室内外地面、墙面、顶面装饰工艺，专业化设计、工厂化加工，标准化生产，装配化施工、精准化安装，精工装配、美观精致（图 28）。

图 27 大厅顶棚　　　　图 28 综合楼前厅

亮点 7：餐厅、会议室等部位吊顶装饰形式各异，造型复杂，做工精细（图 29）。

亮点 8：卫生间墙、地石材对缝铺贴，地漏处石材定制加工，卫生器具、洁具居中布置，打

图29 会议室

图30 卫生间石材铺贴对缝

图31 地漏石材铺贴

胶细致、均匀、顺直。墙、地石材拼缝均匀，整体做到对缝、对中、对称、交圈（图30、图31）。

亮点9：本工程各专业管线施工前，将水、电、暖通、弱电等系统运用了BIM管线碰撞排布优化技术，达到最佳排布效果。所有管道、桥架走向合理、排布整齐、标识清晰。管道支吊架安装牢固、吊杆顺直、位置正确。管道、桥架穿墙、穿楼板周边防火封堵严密、套框精致，观感效果好（图32）。

亮点10：生活冷、热水泵房、消防泵房、风机房等设备机房采用BIM策划，设备安装牢固、排列整齐，管道安装整齐、标识清晰、观感效果好。管道、桥架科学排布，合理精美，使难点变成亮点。热水明露管保温外包绝热层铝皮护壳圆顺一致、亮丽美观，多节弯处顺水搭接、制作讲究。水泵、风机等转动设备避震措施到位，运转平稳（图33）。

图32 管道排布

图33 消防泵房

6 综合效益及获奖情况

南通市党风廉政建设教育中心项目通过实行"重目标管理，抓过程控制，铸精品工程"的管理思路，特别是创新传统工艺并实施精工细作，把施工难点和装饰细部做到极致，成为工程亮点，使建筑工匠精神在项目上处处体现和闪光。该项目在实施过程中非常注重技术创新和转化，结合工程项目难点取得一批具有科技含量和良好工程效益的科技成果，有力地促进了工程质量创优，其经济效益和社会效益显著。

6.1 质量效果

工程分别荣获2020~2021年度国家优质工程奖、2021年度江苏省优质工程"扬子杯"、2021年度南通市优质工程"紫琅杯"、2019年度南通市优质结构工程。

6.2 技术效果

6.2.1 示范工程

工程被分别评为2019年度第一批江苏省建筑业绿色施工示范工程，2020年江苏省建筑业新技术应用示范工程，应用水平国内领先。

6.2.2 QC小组成果

荣获省部级优秀质量管理QC小组称号五项。

6.2.3 施工工法成果

获《封闭式超长铝塑板檐口施工工法》等两项江苏省省级工法。

6.2.4 专利成果

获得《一种钢桁架施工平台》等8项实用新型专利。

6.2.5 设计获奖情况

荣获上海市勘察设计行业协会颁发的优秀勘察设计奖。

6.3 社会和经济效益

本工程的交付使用，极大地完善了南通市党风廉政宣传教育工作环境，围绕从严治党的核心主题，引导广大党员持续自我净化、自我完善、自我革新。截至目前已有南通市市场监督管理局、文化广电和旅游局、水利局等五十多家单位组织廉政教育学习（图34）。

图 34　党风廉政教育学习

（耿世春　金建明　吴旭）

19. 海门市人民医院新院急诊医技住院办公楼
——江苏中南建筑产业集团有限责任公司

1 工程简介

海门市人民医院新院工程位于海门市海兴路以西、北京路以北，2017年1月6日开工，2019年6月28日竣工备案。本工程由海门市康泰建设投资管理有限公司投资建设，江苏中南建筑产业集团有限责任公司总承包施工，华东建筑设计研究院有限公司设计，设计先进、独特，具有先进的水平和现代化气息。是海门地区最大的集医疗、教学、科研、急救、预防保健、康复于一体的大型现代化三级乙等综合性医院，是国家爱婴医院、南通大学教学医院（图1）。

图1 项目图片

急诊医技住院办公楼总建筑面积53412m²，地下室-1层（10790m²）主要为地下车库、各类设备机房及放疗诊疗区。

住院楼地上15层，建筑总高63.6m，1层为出入院大厅及医药用房；2~15层主要为医护办公室及各科病房265间（床位711张）。

急诊楼地上3层，建筑总高18.2m，1层主要为急诊诊疗、急诊挂号、急诊药房、急诊抢救、急诊检验、急诊功能检查、急诊CT检查等，2层为儿科门诊、急诊手术室、急诊重症监护病房等，3层急诊科病区，设病房13间（床位30张）和急诊留观区（床位20张）。

办公楼地上4层，建筑总高23.7m，1~4层为医院各科办公室。

2 创建精品工程及过程

2.1 工程管理
（1）精心组织、体系保障。
（2）科学谋划，策划先行。
（3）标准引领、技术保障（图2）。

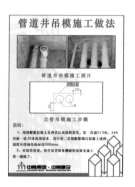

图2 标准引领、技术保障

（4）交底培训、过程复核（图3）。

图3 交底培训、过程复核

（5）材料进场、封样留存（图4）。

图4 材料进场、封样留存

（6）样板引路、制度保障（图5）。

图 5　样板引路、制度保障

（7）周检观摩、扬长补短（图6）。

图 6　周检观摩、扬长补短

（8）过程验收、一次成优（图7）。

图 7　过程验收、一次成优

（9）挂牌三检、返工砸碎。

（10）QC活动、不断提升。

2.2　亮点策划

（1）医院功能布局理性融合、流程清晰合理，无障碍设施、防护设施完备（图8）。

图 8　医院功能布局、无障碍设施

（2）主体结构内实外坚、尺寸准确（图9）。

图 9　主体结构

（3）砖砌体灰缝饱满，横平竖直。构造柱马牙槎整齐一致，设置浇筑簸箕口，成型质量良好（图10）。

图 10　砖砌体、构造柱

（4）7250m² 屋面砖整体铺设，分隔合理，排水通畅，细部节点实用美观，历经2个雨季无渗漏（图11）。

图 11　屋面

（5）真石漆墙面色泽均匀，质感逼真。石材幕墙立体分布，纵横一致、胶缝均匀饱满（图12）。

图 12　墙面

（6）急诊大厅典雅明亮，病房舒适温馨（图 13）。

图 13　急诊大厅

（7）12800m² 地砖地面，铺贴平整、色泽一致，无打磨现象。23600m² PVC 地面，整洁、平整无起皱，拼缝严密，脚感舒适；转角细部圆弧处理，安全美观（图 14）。

图 14　地面

（8）58600m² 乳胶漆墙面，17300m² 玻化砖墙面，800m² 木饰面，做工精细，表面平整，阴阳角顺直（图 15）。

图 15　墙面

（9）39200m² 室内吊顶造型各异，线条顺直，做工精细。灯具、烟感、喷淋，居中布置，成排成线（图 16）。

图 16　吊顶

（10）329 个卫生间墙地面对缝铺贴，地漏、洁具居中对称，整齐美观；洁具周边套割精细、合缝严密（图 17）。

图 17　卫生间

（11）楼梯踏步高度一致，扶手安装牢固，高度符合设计要求；滴水线顺直交圈，简洁实用（图 18）。

图 18　楼梯

（12）6000m² 地下室耐磨地坪，平整光洁，无起砂渗漏等现象，引导标识清晰简洁（图 19）。

图 19　地下室耐磨地坪

（13）急诊医技住院办公楼 13 台电梯运行平稳，呼叫按钮灵敏，平层准确（图 20）。

图 20　电梯

（14）电梯、卫生间、走道、地面指示标记等无障碍设施齐全，处处体现人文关怀（图 21）。

图 21　无障碍设施

（15）消防泵房、生活水泵房等设备机房布局合理、管线排列整齐，成行成排，支架标高、朝向一致。排水组织有序（图 22）。

图 22　设备机房

（16）空调机房、新风机房采用 PVC 管壳及铝皮保温，压接严密、顺畅、色彩亮丽、系统标识清晰。虾弯制作精细，顺水搭接（图 23）。

图 23　空调机房、新风机房

（17）63 台变配电室电柜安装成排成列，整齐划一。电缆标识齐全，防火封堵严密。340 台强、弱电间配电柜安装规范，接地可靠；配电柜内配线整齐，绑扎牢固，标识齐全。桥架布置合理，标高正确；管线安装规范，间距合理。防雷接地装置设施齐全，安全有效（图 24）。

图 24　变配电室

（18）各类桥架布置合理，标高正确；管线安装规范，间距合理。防雷接地装置设施齐全，安全有效。管道过墙、穿楼板均设置套管，内部填充不燃材料封堵，明装管道穿墙两端采用装饰罩修饰（图 25）。

图 25　管道

（19）净化区域手术室流线合理，室内空气高效处理（图 26）。

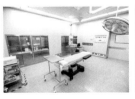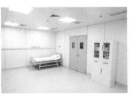

图 26　手术室

（20）直线加速器 2.9m 超厚墙体和顶板，结构一次浇筑成型，满足防辐射要求（图 27）。

图 27 直线加速器

（21）各类医疗设备、功能房间安装、验收严格控制，设备运行稳定精确（图 28）。

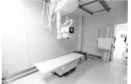

图 28 医疗设备、功能房间

（22）消防报警、监控、网络、LED 大屏显示等智能化系统功能齐全，运行可靠（图 29）。

图 29 智能化系统

2.3 过程控制

（1）预应力混凝土管桩（PHC），桩身完整性检测数量 761 根、抽检率 100%，Ⅰ 类桩数量 755 根（99.2%），Ⅱ 类桩数量 6 根（0.8%），经检测，单桩承载力为 5200kN。

（2）主体混凝土结构无一处露筋、蜂窝孔洞现象，建筑物大角垂直度最大偏差值 5mm，全高偏差最大 4mm。

（3）建筑外幕墙计算书、专项审查手续、检测、试验齐全，符合要求。

（4）装饰工程平整光洁，拼缝一致，观感质量好（图 30）。

图 30 装饰工程

（5）屋面坡向正确，坡度符合设计要求，无积水，两个夏季连续暴雨无渗漏，排水正常（图 31）。

图 31 屋面

（6）70 台水泵单机试运行全部达到规范要求，给水管道压力试验 25 组，喷淋管道压力试验 25 组，阀门试验 29 组，均符合设计要求和规范规定；各类接口及连接点无渗漏，水箱闭水试验符合要求（图 32）。

图 32 水泵

设备安装位置合理、固定方式可靠，管道安装牢固，间距符合要求；消火栓系统安装位置正确，管道采用综合布置，油漆亮丽，色标齐全（图 33）。

图 33 设备安装

排水、雨水管道灌水试验 94 组，排水管道通水通球试验 87 组，排水管道灌水试验、通水试验、通球试验合格，无渗漏。卫生器具满水试验合格（图 34）。

图 34　管道

（7）风管密封处严密，无明显扭曲与翘角，表面平整，无划痕，安装牢固，设备安装位置合理、固定方式可靠，减震可靠，噪声符合环保规定，间距符合要求；空调安装质量好，设备运行正常，风口装饰贴面，成型美观。制冷管道采用的橡塑保温管保温，外观美观，接缝良好（图 35）。

图 35　风管

漏风量检测 44 组、强度试验 24 组、风机盘管检测 22 组、阀门检测 22 组，空调水管道压力试验 25 组，冷凝水管灌水试验 22 组，符合设计要求。空调水系统压力试验、冲洗合格；设备风量、风速及室内温度均检测合格。通风管道漏风量测试合格，保温及保护层密实美观，系统运行稳定（图 36）。

图 36　保温及保护层

（8）防雷接地、接闪器、引下线、接地体规范可靠，接地电阻测试符合要求；室外防雷接地测试点做工精细，安装规范合理（图 37）。

图 37　防雷接地

绝缘电阻测试阻值，成套柜二次回路交流耐压试验、RCD 模拟试验、低压设备试运转、双电源切换试验、照明系统试运行符合设计及规范要求（图 38）。

图 38　绝缘电阻

系统经空载试运行、负荷通电运行，安全和使用功能满足要求；251903m 缆线排布整齐有序，340 台配电柜（箱）安装，4075 台室内灯具照度、4 处基础接地测试、80 处防雷接地测试，防雷接地等符合设计及规范规定（图 39）。

图 39　缆线排布、防雷接地

配电箱、灯具、开关插座等观感质量好，公共走廊吊顶灯具、烟感、末端器具成排成线（图 40）。

图 40　公共走廊

图 43　幕墙、墙体、屋面、照明配电

（9）急诊医技住院办公楼共设 13 台电梯，其中住院楼设消防电梯 1 台，客梯 6 台，急诊医技楼客梯 4 台，行政办公楼客梯 2 台。电梯运行平稳，停靠时平层准确；电梯检验合格，维护保养较好；年检维保正常（图 41）。

图 41　电梯

（10）智能化系统信息通畅、信号控制准确，检测资料齐全。视频监控系统、防盗报警系统、门禁系统、有线电视系统、楼宇自控系统、能源计量系统等各系统使用正常，集成运行良好（图 42）。

图 42　智能化系统

（11）幕墙、墙体、屋面、照明配电节能等验收合格（图 43）。

（12）沉降观测监测期数符合规范要求，最大为 9 号点沉降量 34.12mm、最大沉降差 8.93mm，2019 年 6 月 14 日监测沉降量最大为 1.97mm，2020 年 7 月 8 日监测沉降量最大为 0.73mm，沉降速率为 0.002mm/d，沉降已稳定（图 44）。

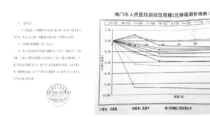

图 44　沉降观测监测

2.4　工程重难点

2.4.1　工程特点

1）社会影响力大

本工程由海门政府投资建设，列入 2018 年度海门市"1 号民生工程"，是海门的重大民生工程。

2）工程规模体量大，标准要求高

按照三级甲等医院标准进行设计与建设，是海门规模最大的综合性医院。

2.4.2　工程重难点

（1）本工程场地属长江三角洲冲积平原，场地土层主要为第四系滨海～河口相沉积的堆积土层。地下水位平均实测水位高程 0.75m，平均稳定水位为高程 0.80m。场地历年最高地下水位可涨至地面，高程为 2.45m，地下水对工程施工有不利影响。

（2）本工程东侧海兴中路主干道，为运输主干道，车辆多；北侧东海西路，因北侧有实验小学，道路使用受限，材料运输困难；南侧是北京中路，与工地之间隔有市政绿化带，不能有破坏及占用；西侧是一期工程，没有道路（图45）。

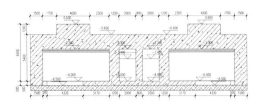

图45　地理位置

（3）本工程急诊大厅为高大结构，支模高度14.420m，跨度为16.2m，空间结构几何尺寸控制精度要求高，施工难度大（图46）。

图47　地下室

图46　急诊大厅

图48　大面积金刚砂耐磨地面

39200m² 吊顶），形式多样，块材深化排板细部处理要求高（图49）。

（4）本工程地下室（3-15~3-17/4-D~4-H轴）为307m²直线加速区防辐射超厚墙板和顶板，层高6.6m，室内净高3.7m；墙厚有2.9m、1.7m、1.5m、1.2m、0.8m；板厚为2.9m和1.7m；梁有1200mm×1700mm、600mm×2900mm、600mm×1700mm和1700mm×1700mm，梁高和板厚相同（图47）。

（5）本工程地下车库为大面积金刚砂耐磨地面，控制其浇筑收光质量、平整度，预防大面积地坪开裂及确保表面强度及耐磨性能尤为关键（图48）。

（6）室内装饰品种多，量大面广（58600m²乳胶漆墙面和顶棚、10300m²干挂石材外墙、12800m²地砖地面、19600m² PVC地面、

图49　室内装饰

（7）机房设备集中布置，系统多，管道排列分布复杂（63台变配电室配电柜、340台强弱电配电柜、42套机房设备、桥架16589m、各类管道64125m），如何利用有限的空间，对各类系统、管道的布置进行综合协调，是机电安装工程施工的重点与难点（图50）。

（8）本工程涉及桩基、幕墙、装饰、机电、净化、医疗等专业分包，各工种各专业交叉施工作业量较大，管理难度较大。

（9）本工程南北侧紧邻居民区及学校，存在扰民及民扰问题，对施工进度影响大。

图50　机房

2.5　科技创新

（1）空调水系统冷冻水温差 6~12℃，由于采用空调大温差技术，风量水量大幅度降低，可以使空调机组、水泵能耗降低，节能效果显著；同时可以节约管道及保温材料用量，降低空调系统投资成本（图51）。

图51　空调水系统

（2）通风系统空调末端采用单端纳米杀菌净化装置，新风机组采用中效杀菌处理器，增

加空气杀菌设施，减少传染病交叉感染概率（图52）。

上述创新技术达到了国内领先水平（查新认证报告 202132B2502959）。

（3）应用PVC地面：①装饰性强（纹路逼真、色彩绚丽、长久使用也不会褪色）；②脚感舒适（弹性地材、承托力强、接近于地毯脚感），特别适合老人及体弱多病者；③防火、防水、防滑、吸声、抗菌、耐磨（图53）。

图53　PVC地面

（4）消防系统配置了高大空间自动扫描射水高空水炮灭火系统，可以快速、有效地扑灭火源（图54）。

图54　消防系统

图52　单端纳米杀菌净化装置

（5）急诊医技楼人员密集，每层设置了两个新风机房，提高了室内空气更新效率，保持医院内空气的洁净度达到标准水平（图 55）。

图 55　新风机房

（6）屋面设太阳能热水系统，有效降低能耗（图 56）。

图 56　太阳能热水系统

（7）本工程投资 100 多万元安装了奥地利"舒密"（Sumetzberger NW160）型气压传输系统（原装进口），气动物流传输系统大大提高了药物配送的效率和准确率（图 57）。

图 57　奥地利"舒密"（Sumetzberger NW160）型气压传输系统

（8）变电所的低压侧设集中分相无功自动补偿，采用自动投切装置，降低电能损耗、减少电压损失、提高供电质量（图 58）。

（9）建筑智能化系统按照全自动系统模式设计，不仅能够实现以往人工分诊所能实现的功能，而且还能对已就诊完毕病人的信息进行

图 58　变电所

记录，同时服务端和客户端计算机可以对话，服务端可以查询各个诊室坐诊医生的相关信息等。解决病人排队无序状况，改善服务环境，提高工作效率（图 59）。

图 59　全自动系统模式设计

2.6　绿色施工

（1）办公楼、急诊医技楼设置三个中庭，自然采光效果好（图 60）。

图 60　办公楼、急诊医技楼设置三个中庭

（2）非透明幕墙等部位 45mm 厚岩棉保温，屋面 150mm 厚玻璃泡沫保温板，设置太阳能热水系统。

（3）5mm 厚聚氯乙烯 PVC 地板环保无毒可再生，能够更好地承重于楼体和节约空间，大量运用于医院地面的各个部位（图 61）。

图 61 5mm 厚聚氯乙烯 PVC 地板

（4）环保蒸压轻质混凝土砌块密度仅相当于同体积普通混凝土的 1/5~1/4，具有保温性、隔声性、防火性、可加工性、绿色环保等特性（图 62）。

图 62 环保蒸压轻质混凝土砌块

（5）利用 BIM 技术对施工总平面及管线进行布置设计，保证平面布置合理、紧凑，临时设施占地面积有效利用率大于 90%（图 63）。

图 63 BIM 设计

（6）施工场地硬化与绿化相结合，扬尘检测仪、喷雾炮等技术应用，空气中 $PM_{2.5}$ 低于标准值（图 64）。

（7）通过雨水回收利用系统、三级沉淀池、喷淋等节水措施，有效节约了水资源的应用，现场扬尘控制有效（图 65）。

（8）办公、生活区、现场采用节能灯及节能开关（图 66）。

图 64 施工场地硬化

图 65 节水措施

图 66 节能灯及节能开关

（9）现场防护采用工具化、定型化产品，废旧材料二次利用及成品保护（图 67）。

图 67 现场防护

（10）塔式起重机、现场强光作业设置挡光措施，有效避免了光污染（图 68）。

（11）现场通过垃圾分类堆放、设置移动厕所等措施，有效保护了环境卫生（图 69）。

图 68　挡光措施　　　图 69　垃圾分类、移动厕所

3　获得的各类成果

（1）2018 年 8 月获得"南通市优质结构工程"（图 70），2021 年 5 月 26 日获得 2021 年度江苏省优质工程奖"扬子杯"。

图 71　荣誉证书

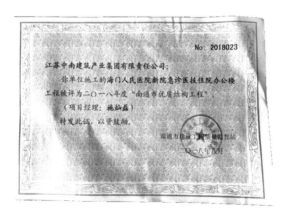

图 70　南通市优质结构工程

（2）2017 年 7 月获得年度工程建设优秀质量管理小组三等奖 2 项；2019 年 4 月获得上海市工程建设优秀 QC 成果一类成果奖和三类成果奖各 1 项，2019 年 6 月获得全国 QC 成果二类成果奖 3 项。

（3）获得南通市土木建筑学会论文 2017 年三等奖 1 项，2018 年二等奖 1 项和三等奖 1 项，2019 年二等奖 1 项和三等奖 1 项（图 71）。

（4）江苏省省级工法 2019 年 2 项（图 72）。

（5）实用新型专利 2018 年 1 项、2020 年 1 项，2021 年 2 项（图 73）。

图 72　江苏省省级工法证书

（6）2017 年 12 月获得南通市市级文明工地，2018 年 5 月获得江苏省安全文明示范工地称号（图 74）。

（7）2020 年 6 月获得江苏省建筑业绿色施工示范工程。2020 年 7 月获得江苏省建筑业新技术应用示范工程证书（图 75）。

图 73　专利证书

拟表彰南通市2017年度第二批市级文明工地（市级标准化文明示范工地、平安工地）公示

来源：南通市建设局　发布时间：2017-12-29 11:43　累计次数：271次　字体：[大 中 小]

	海门（6项）		
1	海门市人民医院新院（急诊医技住院办公楼、科研教学餐饮楼、传染楼、门卫、锅炉房（污废处置）、连廊）	江苏中南建筑产业集团有限责任公司	陆灿磊

图 74　文明工地

图 75　江苏省建筑业新技术应用示范工程证书

（袁秦标　王文东　聂丽娜）

20. 常州市中医医院新建急诊病房综合楼
——江苏武进建工集团有限公司

1 工程基本情况

1.1 工程简介

（1）常州市中医医院新建急诊病房综合楼工程位于和平路与延陵路的东南角，常州市和平北路 25 号（常州市中医医院内）。为框架 – 剪力墙结构体系，总建筑面积为 41888.25m²，其中地下建筑面积为 9615.86m²，地上建筑面积为 32070.92m²。项目地下结构 –2 层、基础板底标高 –11.3m，地上辅楼 6 层、建筑高度 28.3m；主楼 19/20 层、建筑物总高 79.80m（图 1）。

（2）建筑设计：本项目主楼框架隔墙采用加气混凝土砌块。地下室底板采用卷材防水，地下室外墙、覆土部分顶板及屋面防水采用双层卷材防水。外立面装饰：采用玻璃幕墙、石材幕墙、铝板幕墙及涂料饰面等。

图 1 项目图片

1.2 建设责任主体

建设单位：常州市中医医院
设计单位：中国中元国际工程有限公司

人防设计单位：江苏浩森建筑设计有限公司

支护设计单位：常州市中元建设工程勘察院有限公司

监理单位：常州建工项目管理有限公司

施工总承包单位：江苏武进建工集团有限公司

参建单位：江苏宜安建设有限公司
常泰建设集团有限公司
江苏合法集团有限责任公司

2 工程特点、施工难点与技术创新

2.1 工程特点、施工难点

（1）工程地址处于市中心，且紧邻地铁。

（2）施工场地紧：基坑边到原有建筑或围墙的距离非常小，东面距原门诊楼最小处约 1.5m，南面距原砖砌围墙最小处约 4m，西面距原砖砌围墙最小处约 2m，北面距原砖砌围墙最小处约 4m。

（3）地下室与东面原门诊楼地下室的接口处理难度大。

（4）屋面设备多，基础多，设备基础及设备安装处理难度大。

（5）工程涉及众多专业，专业设计及施工协调量大；界面复杂、专业之间制约因素多，管线敷设复杂，施工难度大。

2.2 新技术应用情况

本工程共推广应用了住房和城乡建设部建筑业 10 项新技术中的 6 大项 12 个小项，荣获江苏省建筑业新技术应用示范工程（表 1）。

新技术应用一览表 表1

序号	项目	子项	应用部位	应用量
住房和城乡建设部10项新技术（6大项、12小项）			
1	2. 混凝土技术	2.6 混凝土裂缝控制技术	地下室底板、墙板、结平板	8800m²
2	3. 钢筋及预应力技术	3.1 高强钢筋应用技术	工程基础、主体结构	约4500t
		3.3 大直径钢筋直螺纹连接技术	本工程直径≥20mm的钢筋均采用直螺纹连接	接头数量约18000个
3	6. 机电安装工程技术	6.1 管线综合布置技术	地下车库系统工程	水、电安装系统工程
		6.2 金属矩形风管薄钢板法兰连接技术	通风系统工程	约3500m
4	7. 绿色施工技术	7.1 基坑施工封闭降水技术	整个基坑	约6500m²
		7.2 施工过程水回收利用技术	施工全过程	3500t
		7.3 预拌砂浆技术	墙体砌筑、粉刷	约1200t
		7.5 粘贴式外墙保温隔热系统施工技术	外墙保温	约15000m²
		7.9 铝合金断桥技术	外窗	约8000m²
5	9. 抗震加固与监测技术	9.7 深基坑施工监测技术	整个基坑	15点
6	10. 信息化应用技术	10.3 施工现场远程监控管理及工程远程验收技术	基础、主体、装修施工阶段	施工全过程

3 建设过程的质量管理

3.1 钢筋工程

进场钢筋必须附有产品合格证等质量保证资料，并按规定进行力学性能复试。除焊接封闭式箍筋外，箍筋的末端应作弯钩，并应符合设计图纸及规范要求。钢筋安装位置的偏差应符合规范要求，浇捣混凝土时派专人值守。

3.2 模板工程

模板及其支架应具有足够的承载能力、刚度和稳定性；模板应坚实、平整，使用前须涂刷隔离剂。底模拆除应严格执行"拆模令"制度。

3.3 混凝土工程

混凝土的强度等级应符合设计要求，并按要求进行坍落度试验。

混凝土浇捣前，必须将钢筋、模板清理干净。混凝土应振捣密实，并及时做好养护工作。

3.4 砌筑工程

砌筑材料和砂浆的强度必须符合设计要求；砌块必须尺寸正确、表面平整、无弯曲变形、无缺楞掉角。采用商品砂浆，严格控制配合比。砌体砌筑应立皮数杆，组砌方法应统一，先砌转角及交接处。

3.5 基础分部

有完整的书面技术交底。要求严格控制钢筋绑扎、混凝土浇筑过程中不得向拌合物中加水、严禁随意踩踏钢筋、避免插入式振捣棒直接与预理件和预埋管线盒接触、严格控制好混凝土面层的标高、各工种派专人值守。

3.6 主体结构分部

有完整的书面技术交底。要求严格执行质量"三检"制度、工序报验验收制度和混凝土浇筑许可制度、材料见证送样检测制度、工程质量奖惩制度。

167

3.7 屋面分部

有完整的书面技术交底。纵横向设置排气道，间距 ≤ 6m，水泥压力板盖缝；准确留置分格缝，间距 ≤ 3m，密封材料填缝。伸出屋面的管道、设备等，应在防水层施工前安装完毕；屋面与突出屋面结构交接处及转角处应抹成圆弧；平屋面卷材平行于屋脊铺贴；广场砖采用干硬性水泥砂浆 + 专用胶粘剂随铺砂浆随铺贴。

3.8 节能分部

有完整的书面技术交底。保温材料的质量管理要点：墙面应有外门窗水平、垂直控制线，外墙大角挂垂直基准钢线，每个楼层应挂水平线；保温板应自下而上沿水平方向横向铺贴，且上下两排保温板应竖向错缝至少 200mm；保温板的机械固定必须符合施工方案、技术交底和规范规定。断桥铝合金窗质量管理要点：门窗框安装固定前用防水砂浆刮糙处理，固定点间距应符合规范要求；门窗框边及底面应贴上保护膜，如发现保护膜脱落时，应补贴保护膜；主框外侧与墙体交接处做打胶处理；玻璃不得与玻璃槽直接接触；密封条接口应粘接严密、无脱槽现象；五金配件应安装牢固、位置正确、开关灵活。

3.9 装饰工程

有完整的书面技术交底。应严格按设计图纸及规范要求进行施工；根据设计图纸，选择合理的装饰材料，装饰材料选定后封样；各分项工程由专人负责，保证装饰质量受控、装饰效果达到业主的预期目标；对施工过程中遇到的质量问题，及时组织相关部门分析原因，找出对策，监督落实情况；装饰工程实行首期样板制，经业主、监理检查满意后再全面展开施工；督促做好成品保护和对他人产品的保护工作。

4 工程实物特色亮点

（1）地下车库地面采用环氧面层，耐磨、平整、无裂缝、不起尘（图 2）。

（2）减振防滑汽车坡道，面层与基层粘结牢固，画线均匀一致，色彩美观，防滑性能好（图 3）。

图 2　地下车库地面采用环氧面层　　图 3　减振防滑汽车坡道

（3）楼地面地砖铺贴，排版合理，表面平整光洁，无色差、变形痕迹（图 4）。

（4）楼地面 PVC 铺贴，表面平整，细部节点处理独特（图 5）。

图 4　楼地面地砖铺贴　　图 5　楼地面 PVC 铺贴

（5）消防泵房布局统一，系统运行平稳；报警阀组及相关配件位置、间距等均一致（图 6）。

（6）楼梯踏步宽、高一致，扶手高度满足设计图纸及规范要求，楼梯踢脚线方正、出墙厚度一致（图 7）。

图 6　消防泵房　　图 7　楼梯

（7）卫生间阴阳角方正，墙地砖套割精细；小便斗居中布置，呈直线排列，整体排布美观（图8）。

（8）屋面采用了侧排气做法（图9）。伸出屋面管道周围的找平层做成圆锥台，管道与找平层间留凹槽，并嵌填密封材料。防水层收头处用金属箍筋箍紧，并用密封材料填严。

图8　卫生间　　　　图9　屋面侧排气做法

（9）屋面卷材上翻到女儿墙上，采用预留凹槽收头，将端头全部压入凹槽内，用压条钉压，再用密封材料封严，最后用水泥砂浆抹封凹槽（图10）。

（10）屋面采用防滑广场砖饰面，分格缝间距布置合理，屋面坡度正确，排水通畅，不渗漏、无积水（图11）。

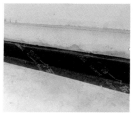

图10　屋面卷材上翻到　　图11　屋面采用防滑广场
女儿墙　　　　　　　　　砖饰面

（11）出屋面排气管耐久性好、排气通畅、美观实用（图12）。

（12）卫生间地漏位置居中对齐，实用美观（图13）。

（13）大空间（护士站）吊顶造型新颖有层次感，与地面布局相对应，效果明显（图14）。

（14）操作台、机柜安装平稳，布置合理；

图12　出屋面排气管　　图13　卫生间地漏

控制设备操作方便、安全；机架电缆线、电源引入线编号清晰、标识正确（图15）。

图14　大空间（护士站）　　图15　操作台、机柜
吊顶

（15）屋面落水管下方设置石材水簸箕，既可以防止雨水冲刷造成屋面构件损伤，又可以起到美化的作用，美观实用（图16）。

（16）在上人屋面管道上方设置钢制过桥，能防止踩踏管道、起到保护管道的功用，美观实用（图17）。

图16　屋面落水管　　图17　上人屋面管道上方钢制
过桥

（17）采用石材幕墙及铝板幕墙，目测表面平整，结构胶均匀整齐。石材基本无色差，观感质量良好（图18）。

（18）变形缝处的金属盖缝板安装稳定、坚固，外观整洁，与墙面连接平顺，协调美观（图19）。

（19）沉降观测点位置合理，安装牢固，标识规范美观（图20）。

图 18 石材幕墙及铝板幕墙 　图 19 变形缝处的金属
　　　　　　　　　　　　　　　盖缝板

图 23 施工过程水回收利用　图 24 断桥隔热型铝
　　　　　　　　　　　　　　　合金窗

（20）接地标识安装牢固，规格统一（图 21）。

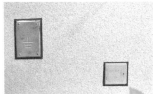

图 20 沉降观测点　　图 21 接地标识

（21）石材墙面上的消火栓与墙面的装饰材料一致，整齐美观，整体效果明显（图 22）。

图 22 消火栓

5　绿色施工情况

本工程施工过程中，通过科学管理和技术进步，最大限度地节约资源。施工过程中运用了基坑施工封闭降水技术、施工过程水回收利用技术、预拌砂浆技术、粘贴式外墙外保温隔热系统、铝合金窗断桥技术等多项绿色施工措施，取得了良好的经济效益和社会效益（图 23、图 24）。

6　获奖情况及综合效益

6.1　获奖情况

本工程结构安全可靠，建筑沉降稳定、节能环保、室内外装饰精细、安装系统性能稳定，符合设计要求和规范规定，能满足使用功能，获得参建各方的一致好评（图 25）。

（1）QC 荣获优秀奖。

QC1:《降低电梯井、集水坑模板上浮率》课题。

QC2:屋面构架混凝土滴水条一次成型。

（2）塔式起重机基础施工方案文荣获2019 年江苏省建筑行业优秀施工方案二等奖。

（3）本工程荣获"江苏省建筑业新技术应用示范工程"称号。

（4）被评为 2018 年江苏省建筑施工标准化星级工地（二星）。

（5）被评为 2019 年度常州市优质结构工程。

（6）荣获 2021 年度常州市优质工程奖"金龙杯"。

（7）荣获 2021 年度江苏省优质工程奖"扬子杯"。

6.2　综合效益

常州市中医医院新建急诊病房综合楼的按时建成及正常运行，有效缓解了因就医困难而造成的社会矛盾，对常州地区的社会稳定，起到了积极的推进作用。使用至今，工程质量与使用功能均得到社会各界的一致好评（图 26）。

图 25　荣誉证书

图 26　常州市中医医院新建急诊病房综合楼

（罗文宝　钟云飞　周诚）

21. 博世新项目用配套厂房 ——南通建工集团股份有限公司

1 工程简介

1.1 工程概况

博世新项目用配套厂房建设工程位于无锡市新吴区硕梅路10号，总建筑面积25092.5m²，施工工期：2018年8月30日~2019年8月1日，共计336d。

博世新项目用配套厂房建设工程由生产车间、动力房、危险品库、主门卫、次门卫等单体组成，生产车间地上两层，建筑高度15.3m；动力房地上两层，建筑高度12.1m；主门卫地上1层，建筑高度5.7m；次门卫地上1层，建筑高度3.9m；危险品库地上1层，建筑高度4.1m（图1、图2）。

图1　项目效果图　　　图2　项目全景图

1.2 五方责任主体

建设单位：无锡市新发集团有限公司
设计单位：中衡设计集团股份有限公司
勘察单位：中亿丰建设集团股份有限公司
监理单位：无锡建设监理咨询有限公司
总包单位：南通建工集团股份有限公司

1.3 工程做法概况

基础与主体概况：危险品库、主门卫、次门卫为天然地基；生产车间、动力房为桩基础，桩基采用 ϕ500（壁厚125）预应力高强混凝土PHC管桩。生产车间主体为框架/轻钢结构，危险品库、主门卫、次门卫、动力房主体为现浇混凝土框架结构。

外装饰概况：外墙采用成品镀铝锌波浪形钢板外墙，建筑造型方正，极富现代建筑艺术美感。

内装饰概况：大理石、墙地砖、乳胶漆、石膏板、矿棉吸声板、铝板、木地板、金刚砂耐磨地坪、环氧地坪等饰面。

机电安装概况：建筑电气、建筑给水排水、通风与空调、智能建筑等四分部。

1.4 工程主要使用功能及用途

博世汽车系统（无锡）有限公司致力于全新动力总成相关技术和面向未来的诸多新产品的研发生产，产品包括：尾气后处理系统及部件、燃气/双燃料系统及其组件、真空泵、传感器、车用连接器、大马力发动机中柴油燃油喷射系统的开发、制造、应用和销售及再制造业务、48V电池组的开发和装配。这些产品将全面服务于中国汽车市场。

此项目为博世全球首个电池（车用48V）产业化项目（图3、图4）。

图3　生产车间　　　图4　生产车间大厅

2 工程创优要点

2.1 策划实施

根据施工合同文件及集团公司要求，本工程从开始便制定了创"扬子杯"优质工程的质量目标；由建设方组织监理、总包单位、各专业施工方人员组成创优小组，形成严密的管理网络，落实管理职责和标准，签订了责任状。

建立健全质量管理体系、质量责任制、质量管理制度及措施、技术管理制度、工程质量检验制度；进行创优策划，制定创优管理方案和实施方案，坚持样板引路，坚持有目的、有序地实施，并制度化监督，保证创优目标的实现。

深化施工二次设计、落实重点区域细部特色：对仓库地坪、屋面、卫生间、楼梯间进行特色策划，制定细部施工措施，明确实施责任部门和责任人，力求体现现代化厂房风格和效果的同时，实现细节精品，为工程创优提供保障。

2.2 工程管理

本工程始终把"创精品工程"的思想贯穿于整个施工生产过程中，贯穿到每个施工人员的实际操作中，过程质量控制主要采取抓重点，抓关键的原则，对每个重点分部（子分部）、分项工程都坚持会同监理进行全过程跟踪检查验收。

落实技术交底制度：施工前，由技术负责人向总工长、各分项工长、质量检查员、各施工班组长进行总的技术交底，交底工程的质量控制点、施工注意点，并落实技术责任；施工过程中，每道工序施工前，各分项工长对各自负责的分项工程均做具有针对性的书面技术交底，交底清楚、细致、有针对性，把交底内容落实到实处、细处。

落实三检、工序交接制度：每一个分项隐蔽工程，在工长、质量员组织自检合格后，向监理公司申请报验，由监理公司组织进行隐蔽验收，验收合格后方可进行下一道工序的交接施工。

加强试验管理：对于进场的原材料，由现场工长、质量员、材料员、见证取样员负责对材料质量实行全面控制，进场材料必须有随货同行的合格证、质保书，我司按规定进行取样复试，取样时均有监理现场见证取样和送试，材料复试合格，方可在工程中使用。

加强资料管理：加强资料的收集、整理，做到资料与工程进度同步，并保证及时、准确、系统、完整。工程所有技术、质量、测量、物资检验、试验，专业管理人员相互配合。资料内容齐全、真实。

2.3 工程特点

（1）生产车间包含办公区域、生产区域，集办公与生产于一体、增加了工作效率和工作的时效性。

（2）智能化程度高：包括综合布线、计算机网络系统、语音通信系统、安防系统（视频监控、防盗报警、无线巡更、一卡通）等，外遮阳采用光感、雨感自动感应的电动外遮阳百叶，随阳光及天气自动调节开启角度。

（3）各功能区域装饰风格多样化，装饰装修主要采用进口材料，整体效果美观大方，细部处理精致细腻。

（4）机电系统全、工程量大，技术难度大，涉及制冷站、换热站、压缩空气系统、纯水系统、净化空调、变配电、消防喷淋等，机电安装工程造价高，占整个工程造价的50%左右。

2.4 工程难点

（1）独立柱施工：本工程厂区内柱为混凝土独立柱，无连续梁连接，高度为13.68m，所以平面定位及垂直度要求极高（图5）；

（2）地面施工：本工程为超长混凝土地面，采用地坪桩基础，且大面积金刚砂耐磨地坪需一次性施工成型，由于要摆放生产线，所以对地面平整度要求较高（图6）；

图5　独立柱施工　　　图6　金刚砂耐磨地坪

（3）砌体裂缝控制要求高：本工程填充墙体采用加气混凝土砌块，墙体防裂缝技术要求高（图7）；

（4）防水工程要求高：室内为电池生产线，防水要求高，如何确保屋面不漏、不渗是本工程的重点、难点（图8）；

图7　墙体施工　　　　图8　PVC防水卷材屋面

（5）大面积环氧地坪成型标准高：本工程车间面积达10000m²，面层为环氧自流坪，平整度控制及成品保护是地坪施工中的重点与难点（图9）；

（6）机电安装错综复杂：该工程水电、暖通、消防等各安装功能齐全，车间吊顶内各种管线纵横交错，错综复杂。施工配合、成品保护难度大、协调工作量大（图10）；

（7）装修标准要求高：由于各功能区要求不同，装修材料各不相同，合理策划、布局，

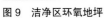

图9　洁净区环氧地坪　　　图10　换热站

确保材料缝口线上下对齐，灯具及设备居中并成行成线（图11、图12）；

图11　餐厅装修　　　图12　休闲区装修

（8）各专业协调难度大：本工程为博世定制厂房用于汽车电池生产研发，项目涉及的专业多，各专业的协调是工程施工中的重点与难点。

2.5　节能环保

（1）本外墙采用100mm厚岩棉保温+50mm厚玻璃棉保温，屋面采用50mm硬质岩保温，铝合金门窗采用铝合金断桥隔热型材及Low-E中空玻璃，钢条加强，铝角码固定，密封条装配均匀，接口严密，排水流畅，开启灵活（图13）。

（2）空调系统全面采用热回收技术，空调水系统采用二次泵变频供水技术，高效节能（图14）。

图13　铝合金窗　　　图14　带热回收空调箱

（3）充分利用太阳能自然资源，生活供水系统设集中式太阳能热水系统（图15）。

（4）照明灯具采用光亮度高的节能光源，公共卫生间均采用节水型器具（图16）。

图15　动力房屋面太阳能　图16　节能光源、节水型器具

3 工程实体质量情况

3.1 桩基工程

本工程桩基础采用先张法预应力混凝土管桩，生产车间桩规格为 $\phi500$，数量 1480 根；动力房桩规格为 $\phi500$，数量为 245 根，经检测，Ⅰ类桩占工程桩总数的 100%，无Ⅱ、Ⅲ类桩。

3.2 沉降观测

生产车间共设 26 个沉降观测点，沉降监测自 2018 年 11 月 1 日开始，至今累计最大沉降量 4.16mm，各观测点最后时间段的平均沉降速率为 0.00mm/d，建筑物沉降已进入稳定阶段。

3.3 地基基础与主体工程

1）钢筋工程

（1）钢筋原材平直、无损伤，表面无裂纹、油污、颗粒状或片状老锈，原材检测均合格。

（2）操作人员严格按钢筋配料单进行钢筋加工、绑扎，确保尺寸正确。

（3）钢筋接头加工符合规范要求，所有试件均原位取样，检测合格。

（4）严控框架柱、梁的纵向受力筋及斜撑构件抗震要求，板筋绑扎按间距画线绑扎，采用定型的塑料垫块和塑料马凳或钢筋马凳保证钢筋位置，施工过程中在纵横交接点钢筋全数绑扎，相邻绑扎点的钢丝扣成八字形，以免网片歪斜变形。

2）模板工程

模板体系采用表面覆膜的优质镜面板，成型混凝土结构内实外光，尺寸准确，达到清水效果，经检测梁、板、柱结构尺寸准确，柱、梁轴线位置偏差在 5mm 以内，截面尺寸偏差控制在 ±4mm 以内，表面平整度偏差在 5mm 以内，全高垂直度最大偏差值为 4mm，符合规范要求。

模板安装时墙面粘贴双面胶带，并采用对拉螺栓进行加固，避免胀模和漏浆。

3）混凝土工程

项目部对混凝土的生产、运输、浇筑、养护等各个环节进行严格控制，混凝土浇筑前进行预配比，在施工过程中严格控制混凝土的水灰比和坍落度，加强混凝土的振捣与养护（表 1）。

混凝土试块及砂浆试块评定结果　表 1

	强度等级	养护方法	组数	评定结果
混凝土试块	C30	标准养护	119	合格
	C35	标准养护	3	合格
	C40	标准养护	3	合格
砂浆试块	M7.5	标准养护	9	合格

大面积地坪板混凝土工程采用混凝土掺高效减水剂，成型效果好，地坪无裂缝、无渗漏（图 17、图 18）。

图 17　地坪钢筋绑扎　　图 18　混凝土无裂缝

4）砌体工程

（1）采用专用成品砂浆砌筑，墙体砌筑前制作现场样板。

（2）填充墙砌体采用双面挂线砌筑，墙面垂直、平整、灰缝饱满。

（3）按照江苏省质量通病防治要求设置混凝土导墙、构造柱、门框柱，马牙槎先退后进，上下顺直。

（4）墙体砌筑至梁底预留 30~50mm 缝隙，待墙体砌筑 14d 后采用干硬性细石混凝土塞缝。

5）抹灰工程

采用专用成品砂浆，不同墙体材料交接处采用镀锌钢丝网加强，楼梯间、人流通道等部位满铺钢丝网加强。

6）外立面工程

厂房外立面采用 0.65mm 厚成品镀铝锌波浪形钢板外墙（图 19）。施工中根据设计要求组织深化设计与精心施工，节点连接牢固，排版、组装尺寸精确，制作精良，分格均匀平顺。

铝合金门窗均采用断桥隔热铝合金门窗系统，玻璃采用 6Low-E +12A+6 中空钢化玻璃，气密性性能符合 6 级，水密性性能符合 3 级，抗风压性能符合 3 级，满足设计要求。

图 19　波浪形钢板外墙

7）装饰工程

（1）墙面施工。

抹灰平整光洁，阴阳角方正顺直，墙面涂料颜色均匀，收口清晰（图 20）；

硬包墙面边框安装牢固，表面平整、洁净，无翘曲，无凹凸不平及褶皱；图案清晰、无色差，整体协调美观；

木制品采用工厂化工序加工，现场拼装，拼缝严密，安装精细，油漆光滑，手感细腻，细木制品做工细腻、精巧、色泽光亮一致、手感观感宜人，木饰面板无钉压装平整，喷漆光滑明亮。

（2）吊顶施工。

轻钢龙骨纸面石膏板、矿棉板等；吊顶造型多样，设计美观，石膏板顶棚板面平整，颜色一致，无裂缝；

金属铝板吊顶采用电脑设计排版，大面平整，接缝严密；

灯具、风口、广播、喷淋、烟感等终端器具排列整齐，有序，间距合理，与吊顶整体协调美观；

聚酯纤维吸声板造型优美，配备圆形吊灯，美观、简洁（图 21）。

图 20　墙面美观　　　图 21　矿棉板吊顶

（3）地面施工。

块毯地面施工：该项目整个办公区采用英特飞（500mm×500mm）块毯，运用地毯的颜色、款式合理地划分功能区域，走道采用深灰地毯，一目了然，大面采用浅灰色，减少给人的压抑感，洽谈区、小会议室均采用跳色或彩色地毯（图 22）。

休闲区 LVT 地板施工：地面采用大面积的 LVT 地板，基层混凝土找平后自流平制作，平整度误差不得超过 2mm，LVT 地板运用在休息区、茶水区既美观大方，又防水、防潮（图 23）。

图 22　办公区块毯地面　　图 23　休闲区 LVT 地板

（4）细部施工。

卫生间墙砖、地砖镶贴合理，通线对缝，组合美观；消防箱采用木质成品门，与周边环境形成一体，美观、简洁、不变形；楼梯踏步均等，梯段滴水线、"老鹰嘴"护角做工精细；楼梯扶手安装牢固、转角圆顺、护栏美观（图 24）。

图 24　精美细部做法

8）机电安装工程

（1）机电系统经过科学调试，经过一系列测试，各项运行参数达到设计指标，运行两年多以来，系统安全稳定（图 25）。

图 25　机电系统测试

（2）冷水机组、水泵等设备减振有效、限位装置安装到位，管道阀门标高一致，成排成线，水泵出口安装管道支架平台，桥架综合布置，方便检修。仪表安装高度合理，朝向正确，便于观察。

设备基础设置导水槽，水泵泄水阀门安装整齐划一，方便操作，管道油漆光亮，标识清晰。设备调试合格，运行稳定平稳，整个工程机电安装基于 BIM 技术建造，管线排布，检修通道设置合理（图 26）。

（3）车间管道经过 BIM 深化设计，排布合理，工艺管道系统采用公共支架系统安装，公共支架工厂内预制，现场拼装，无现场焊接，安全、高效。

图 26　设备运行正常

工艺管道中有热位移的管道安装滑托系统，对公共支架不产生水平推力，不会影响公共支架上的母线、桥架、电气设备，运行安全可靠（图 27）。

图 27　管道安装采用滑托系统

（4）冷却塔、大型空调箱等重要设备采用工厂内拼装，分段运输、吊装，现场拼接安装技术，避免散件运输，现场组装，较好地控制了施工质量，高效、严密，避免漏风、变形的施工缺陷（图 28）。

图 28　大型设备现场吊装拼接

（5）消防泵房、换热机房等基于 BIM 技术建造，管线排布合理，阀组操作方便，管道标识清晰，设备经调试、运行，达到设计工况，柴油发电机蓄电池安装防护罩，安全可靠（图 29）。

图 29　消防泵房、换热机房

（6）空调水系统经过管内除锈、机械切割坡口、循环冲洗、安装高精度过滤装置，管内预膜处理，水质稳定，过滤精度达到 $100\mu m$，系统运行效率高（图 30）。

图30　空调水系统

（7）设备、管道、阀门、开关、烟感等标识清晰，方便操作维护（图31）。

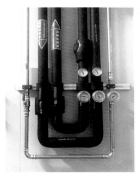

图31　设备标识清晰

9）工程资料

工程资料有总分目录清单和卷内目录，编目清楚，查阅方便。施工图会审、设计变更、施工组织设计、技术措施、技术交底、隐蔽验收记录、施工记录、施工试验记录、检验批、分项、子分部、分部工程施工质量记录等资料齐全、完整；各种合格证、原材料复检、试验报告齐全，材质证明文件齐全，材料进场复试符合要求，相关资料有可追溯性和闭合性。

4　工程获得的各类成果

通过两年多的使用，各系统运行良好，使用单位"非常满意"。本工程先后获得无锡市优质结构工程、无锡市QC二等奖、三等奖，江苏省建筑施工标准化工地，无锡市"太湖杯"优质工程，江苏省"扬子杯"优质工程（图32）。

图32　获奖证书

我们将以此为契机，继续遵循"艰苦创业、敢为人先"的经营理念，为社会奉献更多的精品工程。

（野峰　王金锋　马君）

1 工程概况

苏地 2014-G-7 地块项目土建及安装总包工程位于苏州高新区横山路南、滨河路西，总建筑面积 131694.2m²。地下车库、裙房为框架结构，地下 −3 层、裙房地上 5 层。塔楼为框架核心筒结构，北塔楼地上 20 层，南塔楼地上 25 层。整体建筑主要由两栋分别高 106m 和 95.2m 的办公楼、公寓楼及附属结构商业裙房组成，风格简约、大气，位于高新区繁华地段中心，交通便利，客流量大，致力于打造成集办公、娱乐为一体的大型商业综合体（图 1）。

图 1　项目图片

本工程由苏州高新区新主城商业发展有限公司投资兴建，浙江江南工程管理股份有限公司监理，中亿丰建设集团股份有限公司承建，参建单位苏州柯利达装饰股份有限公司。本工程于 2016 年 12 月 5 日正式开工，于 2019 年 9 月 27 日竣工验收。

2 创精品工程

2.1 明确精品工程目标，完善质量保证体系

工程开工伊始，项目部就确定了"扬子杯"的工程质量目标。全体人员以严谨的工作态度，精心组织施工，按设计文件和现行的标准、规范来约束自己的施工行为。在整个工程的施工过程中，对"人、机、法、料、环"等五大质量因素进行全方位的质量管理及控制。同时，严把工程材料质量关，材料采购有质保书、合格证、检测报告，或者进场后会同现场监理，随机见证取样，检验合格后才用于工程中。并进一步地严把工程质量关，实行"三检制"，班组自检、互检、交接检，组成一个完整的质量检查体系，确保整个工程的质量都能够达到精品要求。

2.2 工程技术难点

1）紧邻地铁基坑施工

项目紧邻正在建设的轨道交通 3 号线横山路站，整个基坑采用三轴搅拌桩 + 围护灌注桩的形式分隔为近轨道侧 A1 基坑、A2 基坑和远轨道侧 B 基坑 3 个基坑。近轨侧 A1、A2 坑采用三道混凝土内支撑与轨道地下连续墙连接，三轴搅拌桩与地下连续墙接缝采用高压旋喷桩封闭。与轨道地下连续墙连接处的外墙浇筑时采用单侧支模方式。基坑采用分坑施工技术，以理论导向、量测定量、经验判断、精心监控的原则实施，现场监测数据表明，施工全过程对轨道交通及周围环境没有产生影响，变形及沉降均满足规范要求（图 2、图 3）。

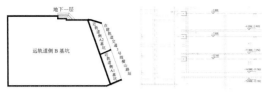

图 2　围护区域布置图　　图 3　近轨道侧剖面图

2）装配式塔式起重机钢平台基础

为保证安全性及工期要求，塔式起重机基础选用"灌注桩＋格构式＋钢平台"。桩＋格构柱＋钢平台的塔式起重机基础是通过格构柱将钢平台与灌注桩连成一体，所有格构柱，灌注桩，钢平台都是经过计算确定。

基础形式采用 460mm×60mm 格构柱+400mm×400mm 十字交叉箱形梁，十字交叉梁底面与格构柱顶连接节点通过柱帽上增设端头板与箱形梁焊接，并在板底及板面增设抗扭的加劲板（图 4）。

3）裙房屋顶大圆形采光顶棚

裙房屋顶圆形采光顶玻璃尺寸分隔较大，安装精度要求高（图 5）。整个圆形采光顶半径 11.5m，面积约 420m²。无法进行常规卷扬机吊装。借助土建塔式起重机进行施工，配合玻璃吸盘吊装该部位玻璃。在确保安全的同时保证分格及间距，确保工程质量。

图 4　装配式塔式起重机钢平台基础　图 5　实景图

2.3　工程整体质量情况

1）地基与基础工程

本工程基础采用桩承台基础，桩基采用 φ800mm 的钻孔灌注桩，混凝土强度等级

为 C40，共计 1198 根。低应变共检测 603 根桩，占总桩数的 50%，其中Ⅰ类桩 561 根，占 93%，Ⅱ类桩 42 根，占 7%、无Ⅲ、Ⅳ类桩；声波透射法共检测 127 根，占总桩数的 10.6%，其中Ⅰ类桩 127 根，占 100%，Ⅱ类桩 0 根，占 0%、无Ⅲ、Ⅳ类桩；桩基施工过程中严格做好各项材料检测及隐蔽验收，均符合设计要求。

本工程共设置 46 个观测点，本工程沉降观测数据均正常，最后一期观测期间建筑物各监测点全部满足小于 0.01mm/d 的条件，该建筑物处于沉降稳定状态，满足设计及现行《建筑变形测量规范》JGJ 8 规范规定的要求。

2）主体结构工程

工程结构安全可靠；混凝土结构内坚外美，达到清水混凝土效果，柱、梁棱角分明，构件尺寸准确，表面平整清洁，垂直、平整度均控制在 4mm 以内。

混凝土标养试块报告为 293 份，同条件试块报告 160 份。试块经试验全部合格，经混凝土强度评定合格，结构实体检测合格。钢筋原材料出厂合格证、试验报告 741 份，钢筋直螺纹机械连接检测报告 360 份，检测全部合格。

3）建筑装饰装修工程

（1）外装饰。

本工程幕墙构件式玻璃幕墙约 30000m²，石材幕墙约 10000m²，金属铝板幕墙约 5000m²，玻璃采光顶约 600m²。工程幕墙预埋件钢材、原材料、焊接检测合格；化学锚栓全部检测合格；幕墙注胶质量检查记录完整，幕墙"四性"检测合格（图 6～图 8）。

（2）内装饰。

楼地面公共区域采用瓷砖、石材铺贴。办公室、会议室等功能性房间采用 PVC 运动地板、防静电地板及地毯铺贴。地面面层光洁平整，色泽均匀（图 9）。

图 6　玻璃幕墙

图 11　装饰吊顶

图 7　室外穿孔铝板幕墙　　图 8　石材幕墙

自粘改性沥青聚酯胎防水卷材，耐根穿刺自粘改性沥青防水卷材，设计合理、选材可靠，施工控制严格，节点规范细腻。屋面面层分割合理（图 12）。

5）机电安装工程

（1）电气部分。

建筑电气箱、柜、桥架安装规范，线路排列整齐，接线、编号正确，标识清晰。灯具安装牢固，开关插座安装整齐。变配电室成套配电箱（柜）安装成排成列，绝缘地毯铺设到位（图 13）。电缆敷设整齐，电缆头制作接线符合要求。桥架抗震支架设置符合要求，屋面避雷带设施齐全有效。

图 9　地砖地面

墙面采用瓷砖、金属板包柱、中空侧边 GRG、干挂石材等，基层处理规范、结合牢固，线条顺直、美观大方（图 10）。

图 10　瓷砖墙面

顶面采用木纹铝格栅、乳胶漆、不锈钢以及透光膜等接缝严密，灯具、烟感、喷淋头、风口等位置合理、美观，成行成线，与饰面板交接吻合、严密（图 11）。

4）屋面工程

屋面保温采用 87.5mm、70mm 厚挤塑聚苯板（XPS），屋面防水采用聚氨酯防水涂料、

图 12　屋面　　　　　图 13　配电间

（2）给水排水部分。

综合管线布置合理，排列整齐，给水消防管道横平竖直，排水管道坡道敷设符合要求，支架安装牢固美观，管道试压冲洗试验合格，排水管道通球试验合格，各类给水设备运转正常，系统工作平稳可靠。各类卫生器具安装整齐美观，满水试验合格。消防水泵、管道、支架、喷头安装规范，接口连接严密牢固、无渗漏，水压试验、冲洗合格，系统运行正常。消防工程验收合格（图 14）。

（3）通风空调部分。

风管安装整齐有序，间距均匀，支吊架设置合理、固定牢靠、标识清晰。风口、阀门安装位置正确，使用灵活，开启方便。各类机房空调机组排列整齐，安装规范，运行正常（图 15）。空调系统各项参数检测合格。

图 17　幕墙实景

图 14　消防泵房　　　图 15　冷冻机房

6）电梯工程

电梯施工单位为日立电梯（中国）有限公司，电梯经江苏省特种设备安全监督检验研究院检测，检测均为合格（图 16）。

图 16　电梯

2.4　工程主要质量特色细部亮点

工程按照创"扬子杯"的质量目标进行全过程控制，体现出 3 大工程特色及 7 个细部亮点。

特色 1：本项目南北塔楼采用竖明横隐及横明竖隐幕墙交错布置；造型轻巧、多变。商业广场入口采用大型吊顶铝板布置，彰显大气开阔的设计理念。裙房南侧及西侧石材幕墙与玻璃幕墙相映衬，突出商业裙房的稳重。两栋近 100m 高的高层塔楼采用石材、金属铝板和玻璃幕墙相结合布置的方式，突出了整个建筑的标志性（图 17）。

特色 2：地下室金刚砂耐磨地面 100mm 厚 C25 混凝土随捣随抹，抛洒金刚砂耐磨骨料，表面施工混凝土密封固化剂。具有较强的耐磨性和耐冲击性，形成了一个高密度、易清洁、抗渗透的地面，地坪光洁平整，无裂缝（图 18）。

特色 3：商业主中庭采用大空间设计，中庭中央区域与上层通顶设计，使其达到各层空间共享，下层扶梯设计衔接紧密，与 –1 层形成双首层概念，引导消费，为顾客提供便捷的消费路径（图 19）。商业采光顶穹顶设置，以圆形中庭玻璃天窗为中心展开，具有自动遮阳绿色节能效果。

图 18　地下室　　　图 19　商业中庭

亮点 1：电梯前厅墙地砖对缝铺贴，办公室走道米色地砖铺贴灰色条砖压边，细部考究（图 20）。

亮点 2：商业副中庭（艺庭）采用异形 GRG 板与莱姆石，造型美观、工艺精良（图 21）。

亮点 3：无障碍卫生间设施布置齐全、安装牢固（图 22）。

图20 办公室走道　　图21 异形 GRG 板、莱姆石

亮点4：灯具、风管排布整齐、成行成线（图23）。

图22 无障碍卫生间　　图23 灯具风管排布

亮点5：商场购物区弧形穿孔铝板包柱，不锈钢收边精细、考究（图24）。

亮点6：管道金属保护壳做工精美，表面平整，板壳搭接规范、到位（图25）。

图24 穿孔铝板包柱　　图25 管道金属保护壳

亮点7：管道、桥架排列整齐，支架布置合理（图26）。

图26 地下室管线排布

2.5　工程验收情况

地基与基础、主体结构、建筑装饰装修、屋面工程、给水排水及供暖、通风空调、建筑电气、电梯、智能化、节能等分部工程验收合格。室内环境、空调、防雷、电梯、水质均检测合格，消防、节能、环境及单位工程均验收合格。

工程资料编目清晰，查找方便，装订整齐，覆盖全面，所有资料准确、有效、真实，具有可追溯性。

工程获得的各类成果（图27）：

2017年江苏省建筑施工标准化星级工地；

2017年江苏省建筑业绿色施工示范工程；

2019年江苏省工程建设质量管理活动小组成果Ⅱ类成果；

2020年江苏省建筑业新技术应用示范工程；

2021年江苏省"扬子杯"优质工程奖。

工程交付使用至今，结构安全可靠，系统运行正常，工程无渗漏，无质量问题及安全隐患，功能满足设计和使用要求，得到了业主的认可。

图27 获奖证书

（刘文娜）

183

23. 淮安市金融中心中央商务区西区 B4、B5 号楼
——中亿丰建设集团股份有限公司

1 工程概况

本工程建设单位为淮安市金融中心投资建设有限公司,设计单位为华东建筑设计研究总院,监理单位是江苏建科建设监理有限公司,施工单位为中亿丰建设集团股份有限公司。项目位于淮安市清江浦区水渡口大道北、环宇路东侧。工程建筑面积为 120000m^2,B4 号楼(地下 –2 层,地上 24 层)、B5 号楼(地下 –2 层,地上 29 层),结构类型为框架 – 核心筒形式(图 1)。工程于 2015 年 4 月 30 日开工,2020 年 4 月 21 日竣工。

图 1 项目图片

2 创精品工程

2.1 工程建设管理

1)明确精品工程目标,完善项目组织管理机构

工程建设开始便根据工程施工合同及企业创精品工程的要求,确定了创省"扬子杯"

的质量目标,加强创优目标的事先策划,根据此质量目标编制《创优管理方案》融入了"细部管理,过程管理"的指导思想。

本着结构合理、精干高效的原则,我公司派综合素质高、具有丰富同类工程施工经验的施工管理团队组成工程项目部,实行项目经理负责制,项目部在公司的直接监督与指导下,履行施工总承包的权利和义务,代表法人全面履约,负责工程的计划、组织、指挥、协调和控制。

2)建立运行质量管理体系和各项工程质量管理规章制度

以建设单位为核心、依托总承包单位实现过程管理的质量管理体系和质量保证体系,并将设计、监理、各参建单位纳入该体系之中,签订创优责任书,将要达成最终目标所需的各项工作指标进行分解,使设计、施工的质量均处于受控状态,共同建立质量管理体系,以确保工程创优目标的实现。

根据本工程具体情况,编写质量手册及各工序的施工工艺指导书,以明确具体的运作方式,对施工中的各个环节,进行全过程控制。

以强烈的质量意识,把创一流的工程质量、建设优质样板工程作为我们的奋斗目标,严格按照公建工程施工规范和各项工艺实施细则,精心施工。认真学习掌握施工规范和实施细则,施工前认真熟悉图纸,逐级进行技术交底,施工中健全原始记录,各工序严格进行自检、互检,重点是专业检测人员的检查,严格执行上道工序不合格、下道工序不交接的制度,坚决不留质量隐患。

认真执行质量责任制，将每个岗位、每个职工的质量职责纳入项目承包的岗位合同中，并制定严格的奖惩标准，使施工过程的每道工序、每个部位都处于受控状态。采取经济效益与岗位职责挂钩的制度，以实际措施来坚持优质优价，不合格不验收制度，保证工程的整体质量。

3）严格把控原材料及设备的质量

把好原材料质量关，所有进场材料，必须有符合工程规范的质量说明书，材料进场后，要按产品说明书和安装规范的规定，妥善保管和使用，防止变质损坏。按规程应进行检验的，坚决取样检验，杜绝不合格产品进入本工程，影响安装质量。配齐、配全施工中需要的机具、量具、仪器和其他检测设备，并始终保持其完善、准确、可靠。仪器、检测设备均应经过有关权威方面检测认证。

2.2 工程技术难点

超高层，大体积混凝土施工。

B5 单体地上 29 层，总高度为 114.5m，属超高层建筑且结构复杂，技术含量高。地下室底板 B4 号楼、B5 号楼塔楼区域厚为 2m，裙房区域厚 0.8/1.2m（大体积混凝土）（图 2）。

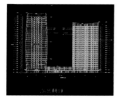

图 2　工程设计图纸

主要解决方案：

（1）塔楼施工应用了附着式升降脚手架技术，这一技术将高处作业变为低处作业，将悬空作业变为架体内部作业。

（2）混凝土采用混凝土裂缝控制技术，通过材料的优选、配合比设计、合理的施工、精

心的养护，有效控制了大体积混凝土的开裂现象；钢筋原材料采用了 HRB400 级钢筋，提高了钢筋屈服强度，具有良好的可焊性；钢筋连接采用了大直径钢筋直螺纹连接技术，保证了钢筋连接的质量，施工方便、快捷（图 3）。

图 3　工程施工图

2.3　工程整体质量情况

1）地基与基础工程

本工程桩基采用钻孔灌注桩、承台筏板基础，其中 B4 号楼工程桩总数 157 根，管径 800mm，桩长 48.1m，B5 号楼工程桩总数 166 根，管径 800mm，低应变检查根数 323 根，其中 B4 号楼 I 类桩 152 根，I 类桩占 97%，II 类桩 5 根，II 类桩占 3%，无 III、IV 类桩；B5 号楼 I 类桩 160 根，I 类桩占 96%，II 类桩 6 根，II 类桩占 4%，无 III、IV 类桩。

工程沉降观测严格按规范及设计要求设置，沉降观测点布设在主体结构框架柱及核心筒上（图 4），B4 号楼共布设 8 个沉降观测点，自 2015 年 12 月 5 日至 2021 年 7 月 25 日观测期间，最大累计沉降量为 29.61mm，最小累计沉降量为 24.96mm；B5 号楼共布设 8 个沉降观测点，自 2015 年 11 月 30 日至 2021 年 7 月 25 日观测期间，最大累计沉降量为 30.56mm，最小累计沉降量为 24.13mm，两栋楼后 100d 的沉降速率均在 0.01~0.04mm/d。沉降处于稳定阶段，满足设计及规范规定的建筑物稳定标准要求。

2）主体结构工程

（1）主体结构为框架 - 核心筒结构，梁、

板混凝土强度为 C30，墙、柱混凝土强度为
C60~C40，二次结构混凝土强度为 C20；内墙
为 200mm 厚加气混凝土砌块填充墙，工程结
构无变形、裂缝，轴线、标高及混凝土截面尺
寸符合规范要求（图 5）。

图 4　沉降观测点　　　图 5　楼面钢筋绑扎及浇筑

（2）对关键工序、关键部位进行有效的
质量控制；专职质量员检查时跟踪工程要害部
位，确保工程质量及安全生产。各班组做到工
序自检、互检、项目部检查合格后，通知监理
进行验收，验收合格后，再进入下道工序施工
（图 6）。

图 6　模板及支撑检查

3）建筑装饰装修工程

（1）外装饰。

3 层以上单元式玻璃采用断热铝合金窗
框，开启窗采用 6（Low-E）+12A+6 钢化超
白中空玻璃，层间采用 8mm 超白钢化镀膜玻
璃背衬保温棉，大面采用 8（Low-E）+12A+8
钢化超白中空玻璃，石材采用 30mm 山东白
麻表面荔枝面处理。

裙楼框架式幕墙开启窗采用 6（Low-E）
+12A+6 钢化超白中空玻璃，三层层间采用

8mm 超白钢化镀膜玻璃背衬保温棉，大面采
用 8（Low-E）+12A+8 钢化超白中空玻璃，
10（Low-E）+12A+10 钢化超白中空玻璃，
石材采用 30mm 山东白麻表面荔枝面处理。

塔楼屋单元采用 8+SGP2.28+8 钢化超白
夹胶玻璃，石材采用 30mm 山东白麻表面荔
枝面处理。幕墙四性检测合格，符合设计要求
（图 7）。

图 7　玻璃幕墙

（2）内装饰。

工程内墙装饰面层分为涂饰墙面、瓷砖墙
面，石材墙面、铝板墙面、成品定制饰面板、
玻璃隔断，阴阳角顺直，美观大方（图 8）。

图 8　内装饰

4）屋面工程

屋面采用 65mm 厚挤塑聚苯乙烯泡沫
（XPS）板（B1 级），50mm 厚 C20 细石混凝
土面层（内配钢筋），对保温层进行保护。屋
面防水材料为 1.5mm 厚渗透结晶型防水涂料
一道，最薄处 30mm 厚泡沫混凝土 2% 找坡层，
20mm 厚 1:2.5 水泥砂浆找平层，再铺 1.2mm
厚高分子防水卷材 2 道。设计合理、选材可靠、
施工控制严格，节点规范细腻。屋面面层分割

合理，防水细部处理规范，精细，经蓄水试验使用无渗漏现象（图9）。

图9　B5号楼屋面以及停机坪

5）地面工程

29000m² 地下室金刚砂固化剂地面、平整光洁、纹理顺畅，收边考究（图10）。

图10　金刚砂固化剂地面

6）机电安装工程

（1）电气部分。

母线、桥架安装横平竖直；防雷接地规范可靠，电阻测试符合设计及规范要求；配电箱、柜接线正确、线路绑扎整齐；灯具运行正常，开关、插座使用安全（图11）。

图11　配电柜

（2）给水排水部分。

管道排列整齐，支架设置合理，安装牢固，标识清晰。给水排水管道安装一次合格，主机

房设备布置合理，水泵整齐一线，安装规范（图12）。

图12　B4、B5号消防泵房

（3）通风空调部分。

支、吊架及风管制作工艺统一，风管连接紧密可靠，风阀及消声部件设置规范，各类设备安装牢固、稳定可靠，运行平稳（图13）。

图13　空调风管

7）电梯工程

本工程共设置17台直梯，运行平稳、安全可靠（图14）。

图14　主楼电梯

2.4　工程主要质量特色细部亮点

工程按照创"扬子杯"的质量目标进行全过程控制，体现出3大工程特色及8个细部亮点。

特色 1：造型新颖独特。平面图形状为蝴蝶状，造型复杂。B4 号楼地上 24 层，总高度 98m，B5 号楼地上 29 层，总高度 114.5m，属于超高层建筑（图 15）。

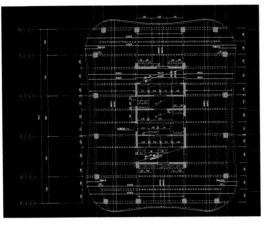

图 15　项目平面图

特色 2：绿色建筑。积极响应国家绿色建筑的号召，在建筑全寿命周期内，最大限度地节约能源，改善人们的居住环境，实现经济效益上的巨大潜力。本工程顺利地在 2019 年 3 月份获得了二星级绿色建筑设计标识证书（图 16）。

图 16　二星级绿色建筑设计标识证书

特色 3：新技术的应用。十项新技术从立项至验收，分公司以及项目部全程跟进，做好资料的收集以及现场施工质量把控的工作（图 17）。

图 17　十项新技术的应用

亮点 1：配电箱柜高度统一，电线排列整齐、接线规范，元器件动作灵敏（图 18）。

亮点 2：消防泵设备安装布局合理、整齐统一，消防水管道排列整齐（图 19）。

图 19　消防泵设备及消防水管道

亮点 3：玻璃幕墙节点安装牢固，玻璃间胶缝饱满顺直（图 20）。

亮点 4：一体化栏杆，既作为防护栏杆又增加幕墙整体性，连接牢固，安全可靠，节省空间（图 21）。

图 18　配电箱柜高度统一，电线排列整齐、接线规范

图 20　玻璃幕墙

图 21　一体化栏杆

亮点 5：吊顶岩棉板、石膏板及吊顶铝板，板面平整洁净、色泽一致，无翘曲及缺损（图 22）。

图 22　吊顶

亮点 6：卫生间墙顶对缝设置凹槽防止裂缝，洁具居中布置、排水畅通（图 23）。

亮点 7：铝合金线条收口、木饰面墙角锥形石材踢脚线代替普通踢脚线，起着视觉平衡、美化装饰及墙角、地面保护作用（图 24）。

亮点 8：综合布线系统、视频监控系统、入侵报警巡更系统、信息发布系统、一卡通、会议系统、公共广播系统、BA 系统、能耗管理系统、网络系统、机房系统、停车场管理系统，各系统运转正常。所有管道立体分层，电缆线面排整齐，标识清晰；智能化建筑集成化程度高（图 25），控制可靠；经检测设备运行平稳，接地可靠，完全满足使用功能要求。消防系统分为消防报警系统，消火栓系统，全区采用烟感保护，报警主机设于消防控制中心，消控中心实现综合楼内所有消防设备的联动控制。

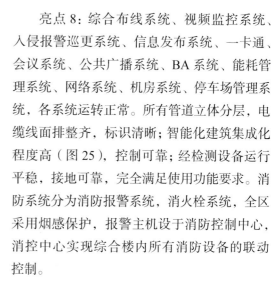

图 25　智能化建筑集成化程度高

2.5　工程验收情况

地基与基础、主体结构、建筑装饰装修、屋面工程、给水排水及供暖、通风空调、建筑电气、电梯、智能化、节能等分部工程验收合格。玻璃幕墙、室内环境、空调、避雷、电梯、

图 23　卫生间

图 24　铝合金线条收口、木饰面墙角锥形石材踢脚线

水质均检测合格，消防、节能、环境及单位工程均验收合格。

工程资料编目清晰，查找方便，装订整齐，覆盖全面，所有资料准确、有效、真实，具有可追溯性。

3 工程获得的各类成果

工程获得的各类成果见图 26。

（1）2016 年度淮安市建筑施工标准化文明示范工地；

（2）2016 年度江苏省建筑施工标准化文明示范工地；

（3）2016 年度江苏省 QC 成果三等奖；

（4）2017 年度淮安市优质结构工程奖；

（5）2020 年度淮安市优秀勘察设计一等奖；

（6）2020 年度淮安市"翔宇杯"优质工程奖；

（7）2020 年江苏省建筑业新技术应用示范工程；

（8）2021 年度江苏省优质工程"扬子杯"。

工程交付使用至今，结构安全可靠，系统运行正常，工程无渗漏，无质量问题及安全隐患，功能满足设计和使用要求，得到了业主的高度认可。

图 26 获奖证书

（褚卫鹏）

1 工程简介

1.1 工程概况

本工程位于江苏省常州市金坛区东城街道。

本站有 220kV 配电装置、生产综合楼、主变压器、防火墙、消防水池及泵房、电缆沟、独立避雷针、电容器、电抗器、雨水集中井、消防小室、事故油池、污水处理装置等（图 1）。其中生产综合楼采用钢筋混凝土框架结构、钢筋混凝土独立基础，建筑面积 1862m²。底层布置有电缆间、检修间、安全工具室、安全工具间、35kV 配电装置室、接地变及消弧线圈室、蓄电池室、站用电室等；二层布置有 110kVGIS 配电装置室、二次设备室。防火墙采用钢筋混凝土框架结构，钢筋混凝土独立基础。220kVGIS 设备基础采用钢筋混凝土大板加支墩，主变基础采用钢筋混凝土大板，上设条形支墩。采用天然地基，局部采用级配砂石换填。

远景建设 3 台 240MVA 主变，本期新建 1 台 180MVA 主变压器。220kV 远景出线 8 回，本期 4 回（茅山 2 回、河头 2 回）。110kV 远景出线 14 回，本期 4 回（南郊 1 回、茅山 1 回、江东化工 1 回、河头 1 回）。35kV 远景出线 12 回，本期 2 回，本期主变 35kV 侧装设 3 组 10Mvar 并联电容器和 1 组 10Mvar 并联电抗器，远景每台主变 35kV 侧装设 4 组 10Mvar 并联电容器和 1 组 10Mvar 并联电抗器。

1.2 参建单位

建设单位：国网江苏省电力有限公司

建设管理单位：国网江苏省电力有限公司常州供电分公司

设计单位：南瑞电力设计有限公司

监理单位：江苏兴力建设集团有限公司监理咨询分公司

土建施工单位：无锡锡山建筑实业有限公司

电气施工单位：徐州送变电有限公司

1.3 施工主要进度节点

1）开、竣工日期

标准化开工：2018 年 06 月 28 日

土建开工：2018 年 08 月 01 日

电气开工：2019 年 01 月 05 日

竣工日期：2019 年 10 月 27 日

2）验收日期（三级自检、监理初检、中间验收、竣工预验收、启动验收日期）

投运前阶段三级自检日期：2019 年 08 月 18 日；

投运前阶段监理初检日期：2019 年 09 月 16 日；

投运前阶段运行单位验收日期：2019 年 09 月 26 日；

图 1 项目图片

投运前阶段质监站质检日期：2019 年 10 月 16 日；

启动验收日期：2019 年 10 月 24 日。

2 精品工程创建过程

2.1 质量目标

工程质量符合国家、行业及国家电网公司颁发的施工技术规程、质量验收规范及相关规定。过程控制数码照片真实、完整、规范。工程质量总评优良，并满足：

（1）输变电工程"标准工艺"应用率 100%。

（2）工程"零缺陷"投运。

（3）实现工程达标投产及优质工程目标。

（4）工程使用寿命满足公司质量要求。

（5）不发生因工程建设原因造成的六级及以上工程质量事件。

（6）争创国网公司输变电优质工程金奖

（7）争创江苏省"扬子杯"优质工程奖。

2.2 质量策划

工程根据"工程平安、质量优良、工期高效、造价合理、环境良好"的创优工作总体要求，积极进行质量策划：

（1）施工项目部成立以项目经理为组长的质量管理领导小组，建立内部三级质量管理体系。

（2）工程开工前对施工人员进行质量培训，提升创优意识，了解创优目标，掌握工作要点，做到熟知本岗位质量工作要求。

（3）完善并严格执行施工质量三级控制制度，加强过程控制，注重隐蔽工程监控、签证。

（4）加强施工全过程监控，上道工序完成后，经检验合格方可进入下道工序施工。

（5）定期对照工程创优要求对施工管理及实物质量进行检查、分析，发现不足及时采取必要措施，做到施工质量持续改进。

2.3 精品工程创建管理措施

工程开工伊始，就围绕江苏省优质工程"扬子杯"和输变电优质工程"金银奖"的质量目标开展各项工作，为了确保项目创优目标的实现，依据公司的质量管理制度、体系，在主要分部分项工程的质量保证措施上进行了精心的策划。根据日常"三控制二管理一协调"的管理手段，以此保证质量管理工作的系统性、规范性、安全性。

建立工程质量管理网络组织机构，推行全面质量管理，实行工程目标管理，认真贯彻各项技术管理制度和岗位责任制，推行样板引路制度，贯彻实行自检、互检和交接检制度。

周密部署施工计划，强化施工过程管控，优化现场职责分工，实行精细化分工及考核。针对重点风险源，提前进行风险辨识和预控工作，刚性执行"一方案一措施一张票"，作业实施阶段严格执行到岗到位要求，合理地解决了进度、质量与安全的关系。

技术、质量交底层层落实，建立由公司专职质量员、项目部负责人和项目质量员参加的施工质量管理网，明确各自责任，抓好本工程的施工质量。项目部技术负责人，在每个分部分项工程或工程开工前，做好技术交底，向施工人员交清技术要点、操作方法和质量标准，施工员负责现场贯彻和指导。

施工中立足过程控制，在工程施工中重点把好"六关"，即施工方案关、技术交底关、材料复验关、隐蔽工程检查关、工序验收关、成品保护关，在分项（工序）施工前，由技术负责人依据施工方案和技术交底以及现行的国家规范、标准，组织进行分项（工序）样板施工，并请监理共同验收，作为工序施工样板，有效把控工程实体质量。

合理安排施工区域，提高施工效率，及时采取多种举措：①执行每日晚会制度，划分施工区域；②执行作业车辆登记制度，安排进出场时间；③执行工器具管理制度，减少作业现场人员无序流动。

2.4　精品工程创建技术措施及效果

1）地基与基础

主体基础形式为条形基础，强度 C30，垫层 C15，墙体：±0.000m 以下采用 MU20 水泥砖，M10 水泥砂浆砌筑。

2）主体结构

主体结构柱、梁、板采用混凝土强度等级 C30，圈梁构造柱为 C30。墙体：采用填充墙采用 A5.0 级 240mm 厚蒸压砂加气砌块，Mb10 混合预拌砂浆。

框架结构，无变形、无裂缝、无倾斜现象，观感良好。混凝土强度试块、砂浆试块、钢筋复试、钢筋连接报告齐全合格，均符合设计及规范要求。

3）装饰

地面：室内装饰施工简洁、实用。控制室地面、卫生间地面、设备间地面均铺贴玻化砖。楼地面平整，无裂缝空鼓色差，接缝均匀一致，观感良好。

墙面饰面：卫生间内墙面砖装饰，平整光洁、拼缝均匀、线条流畅；其余室内墙面、顶棚装饰，墙面平整光滑，线条顺直。

门窗：门窗使用铝合金窗，5+16A+5 中空玻璃，安装牢固，开启灵活，打胶饱满，观感良好。内门采用钢质防火门，安装缝隙均匀、宽度适中，油漆颜色均匀、手感光滑，小五金安装细腻。

细部：墙面、柱角、阴阳角顺直，门窗玻璃安装、踢脚线、电气开关插座均做到尺寸一致，四周紧密无缝隙无漏刷，墙面不显拼缝光滑无凹陷。

4）屋面

屋面为平屋面，泛水、落水口符合标准，

坡向正确，无渗漏。上翻防水卷材采用不锈钢卡箍收口，细部处理规范，做工考究，美观实用。屋面整体采用绿色聚氨酯防水涂料装饰，表面平整光滑，无积水，整体效果美观。屋面卷材泛水收口采用铝方管，有效防止卷材脱落，经久耐用。

5）给水排水、电气

所安装的管道、线路条理清晰，管道横平竖直，坡度准确，接口无渗漏，管道保温密实，设备安装位置准确，运行正常。消防系统安装符合设计要求，系统运行正常。

电气接地可靠，综合布线、配电箱、电源接地、防雷设施安装规范，导线分色，避雷带焊接符合要求。

6）首次施工化学螺栓

GIS 设备底座槽钢与混凝土基础采用化学螺栓固定，第一次接触这种新工艺，如何形成美观、质量合格的成品，对于项目部是一个难点。通过研究化学螺栓的施工影像，掌握了定位、钻孔、清孔、干燥处理要点。先在混凝土试件上试验，成功后在 GIS 底座槽钢上进行施工。为了控制外露出螺栓丝扣一致，施工人员在钻头上设置了定位器。遇到有槽钢变形与基础混凝土有空隙的地方，采取打地锚用千斤顶倒压，用外力使底座槽钢紧密贴合混凝土，达到牢固、美观的效果。

7）铝合金电缆支架施工空间狭小

由于电缆多，电缆支架施工空间狭小，对施工造成很大困难。在电缆敷设前，反复研究图纸，根据实际情况画出电缆走向图，功夫不负有心人，分层排列得整整齐齐的电缆得到了大家的认可，并成为施工亮点之一。

8）光缆头的制作存在难点

光缆头制作工艺的要点是牢靠，安全，不易开裂，要做到既美观又经久耐用很不容易。通过现场不断地研究、试验，最终保证了所有光缆头高度一致，光缆弧度一致，经得住时间和恶劣环境的考验，可避免挤压造成的断纤现象，更便于日后的维护及检修。

9）软件管理

试点应用省公司工程档案管理软件系统，实现工程档案资料前期一次性录入，后台集中化维护，过程一键式打印，提升现场工作效率和工作质量（图2）。

图2　工程档案管理软件系统

工程应用常州地区工地例会汇报材料模板，每周例会对工艺质量、信息管理、数码照片等内容进行评审，确保基建管控信息填报及时、完整、准确（图3）。

图3　工地例会汇报材料模板

10）优化设计

积极组织各参建单位开展设计优化工作，对道路、围墙变形缝位置的设置、220kVGIS孤岛式基础、110kVGIS接地块布置、GIS室单轨吊、二次设备室静电地板与吊顶排版、全站电缆敷设、全站电缆沟排水走向及电缆沟盖板敷设、综合楼的外立面进行二次优化。

采用孤岛式墩台基础有效预防混凝土收缩裂纹，并且美观、精致（图4）。

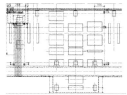

图4　孤岛式墩台基础

11）严格验收

各级验收严格开展实测实量，坚持用实际数据说话，确保验收数据的真实性（图5）。

图5　各级验收严格开展实测实量

12）手续合规

通过建立薛庄220kV变电站新建工程合规性文件受控清单，及时完成各项合规性手续办理工作，取得合法建设手续《施工许可证》后开工建设，严格执行"三同时"制度（图6）。

13）安全文明施工

严格按照常州供电公司下发的常州地区变电站工程标准化建设施工工艺手册及常州临时设施图册施工（图7）。

图 6　施工许可证

图 7　安全文明施工

2.5　工程亮点

工程建设阶段开展技能竞赛，提高精益施工的热情，形成优质作品，为争创省公司优质工程金奖和江苏省"扬子杯"优质工程提供保障（图 8）。

图 8　工程建设阶段开展技能竞赛

主变本体及中性点接地规范可靠。主变、集成式电容器温度计设置自制防雨罩，设置规范（图 9）。

图 9　接地规范可靠、自制防雨罩

一次接线合理，全部弧垂一致。35kV 电容器组连接排安装整齐一致（图 10）。

图 10　一次接线合理、电容器组连接排安装整齐

35kV 开关柜整列排布，拼缝严密。35kV 电缆安装顺直，弧度一致，单芯固定采取隔磁措施（图 11）。

图 11　开关柜整列排布、电缆安装顺直

室外电容器组电缆保护管配置改成光缆槽盒，美观大方。蓄电池安装间距规范，

并采用防振垫对蓄电池安全防护做好保障（图12）。

图12 光缆槽盒、蓄电池安装

220kVGIS伸缩节设置规范，颜色正确，标尺刻度清晰。室外GIS密度继电器配置定制防雨罩，造型统一美观（图13）。

图13 伸缩节、防雨罩

二次接线工艺美观，"S"弯弧度一致。二次接线号码管齐全，标识清晰（图14）。

图14 二次接线

光缆及控缆分列、有序排放。屏柜两端加装封头板，能有效防小动物、防尘。光缆、尾纤采用智能标签，根据不同功能制作标识卡（图15）。

图15 光缆及控缆

研制电缆管防水盖，改进原有防水封堵工艺，外形统一美观，且经久耐用。屏柜防火封堵采用塑形线条，面层平整，形状规则（图16）。

图16 电缆管防水盖、屏柜防火封堵

主控室设置钢化玻璃，方便维护检修，电缆敷设美观。构支架接地端子尺寸统一，接地线搭接采用防松垫片，朝向以及高度均保持一致（图17）。

图17 主控室钢化玻璃、接地线搭接防松垫片

全站道路面层首次采用沥青路面，巡视小道及检修场地采用彩色沥青路面；车辆行驶通道与人员检修通道有效区分。采用孤岛式墩台基础有效预防混凝土收缩裂纹，并且美观、精致（图18）。

图18 全站道路面层、孤岛式墩台基础

二次设备室采用内置可调百叶，有效遮阳的同时，不影响美观。生产综合楼采用平推防火门应急逃生锁（图19）。

图 19　内置可调百叶、平推防火门

图 22　设备钢吊梁、消防泵房上部建筑

　　围墙饰面为黑白干黏石，并采用成品花岗石柱帽及高强水泥纤维挤塑板压顶，简洁美观。散水采用高强水泥纤维挤塑板预制散水坡，安装方便，成型美观。做到了墙、地伸缩缝完全统一（图 20）。

　　35kV 开关柜室顶棚分色装饰，在不增加造价的前提下，适当增加室内美观度。主控室采用成品铝格栅吊顶，将空调、照明、消防装置统一集成，有效利用室内空间（图 23）。

图 20　围墙饰面

图 23　开关柜室顶棚、主控室成品铝格栅吊顶

　　生产综合楼外立面经过二次优化。应用新型基础圆弧线条模具，缩小圆弧倒角半径，优化混凝土基础施工工艺，外观成型精致美观（图 21）。

　　卫生间墙面砖分缝对齐，无非整砖，里面美观。楼梯采用装配式金属栏杆，便于安装，避免焊接（图 24）。

图 21　生产综合楼外立面、混凝土基础

图 24　卫生间墙面砖、楼梯装配式金属栏杆

　　设计阶段提前考虑施工安全风险管控，在主变室、GIS 室吊车梁上通过螺栓装置设备钢吊梁，相对于吊环，吊点灵活、便于后期检修与扩建施工。消防泵房上部建筑采用玻璃阳光棚形式，保证了消防泵房楼梯段的采光要求。玻璃阳光房建立有组织排水，门设置防虫百叶格栅（图 22）。

　　创新研制新型覆盖式沉降观测点防护罩，美观实用。应用成品预制雨水井渡水边（图 25）。

　　巡视小道应用彩色沥青，与主道路加以区分，以起警示。设备室空调加装挡风板，避免直吹设备（图 26）。

图 25　沉降观测点防护罩、预制雨水井渡水边

图 26　巡视小道、空调挡风板

2.6　规范工程档案资料整理

在工程施工过程中按照有关文件及档案馆的要求及时做好整理工作，确保资料符合要求。按照《建筑工程施工质量验收统一标准》GB 50300—2013 进行单位工程、分部、子分部、分项、检验批划分，本工程各分部工程质量评定全部合格，合格率达 100%。整个工程资料内容齐全，填写规范，质量控制和安全使用功能资料可追溯性强。

3　工程所获成果

本工程 2019 年 12 月 17 日取得国网江苏省电力有限公司输变电工程流动红旗奖，2020 年 12 月 11 日取得国网江苏省电力有限公司输变电优质工程金奖。

（蔡静　孙明凯）

25. 六合经济开发区科创园一期 A1–A6 及 01 号地下车库
——南京大地建设（集团）股份有限公司

1 工程简介

六合经济开发区科创园一期 A1–A6 及 01 号地下车库工程位于南京市六合经济开发区核心区域，西靠江北大道快速路和地铁 S8 号线，南倚农场河，地理位置优越，交通便利（图 1）。

本项目是 EPC 总承包工程，由南京大地建设（集团）股份有限公司和江苏龙腾工程设计股份有限公司联合承建，2018 年 6 月 4 日开工建设，2020 年 7 月 8 日通过竣工验收，项目总造价 38687.96 万元。

图 1 项目入口实景图

本项目主要由六栋 4~6 层多层建筑组成，总用地面积 31291.62m^2，总建筑面积 94561.03m^2，其中地上面积 64575.17m^2，其主要功能为研发中心、人才公寓、园区食堂，共有 100 间面积 46m^2~74m^2 不等的单身公寓，3510m^2 的餐饮中心，并配有健身房、超市、咖啡厅、洗衣房等配套设施为园区服务；地下面积 29985.86m^2，为一层地下室，主要功能为停库（其中机械车位 780 个，自走式车位 244 个）和配电房等配套用房（图 2~ 图 4）。

本项目作为六合区规模最大、品质最高的科创载体，已成为全区创新创业氛围最活跃、产业发展最具潜力的区域之一。本项目的建成，有效地带动了六合区的经济发展，对打造多元化创新产业基地，推动江北新区的国家级产业转型、新型城镇化建设和开放合作示范新区的建设做出了积极贡献！

2 如何创建精品工程

2.1 工程管理
1）明确目标
在项目开工之初，项目部就明确了创建

图 2 外立面实景图

图 3 项目配套食堂实景图

图 4 地下车库实景图

"扬子杯"的目标。项目部联合各参建单位组成创优小组，以设计图纸为标准，以《公司在建工程创优细部节点做法指导手册》为指导，对节点进行优化，在控制造价的基础上能满足创优的要求。

2）成立专项小组

在公司相关部门的指导下，项目部成立了创优申报组、资料收集组、实体检查组，各个小组分别制定工作内容和工作计划，并和个人绩效考核挂钩，层层落实，责任到人。

3）形成周检制度

每周在项目经理的组织下，项目总工、生产经理、质检员、栋长、各班组长参加，对创优重点难点部位进行检查，并形成检查报告，在每次的例会上根据检查报告进行奖惩（图5）。

图5　周检制度

2.2　策划实施

1）做法优化

根据施工图纸和《公司在建工程创优细部节点做法指导手册》，结合造价、施工技术等角度考虑，对以下部位进行了做法优化：

地下室：地下车库地坪做法、地下交通组织、车位喷淋、人防口部地坪、管线及桥架走向、排水沟做法、集水井盖板做法等。

主楼：各个水电管井地坪做法、管道防火封堵、楼梯踏步砖排板、电梯厅墙砖排板、楼梯栏杆优化、滴水线条优化、灯具排布。

屋面：屋面广场砖排板、排水沟及盖板优化、屋面透气管布置、设备基础做法优化、女

儿墙细部节点、屋面构架柱及女儿墙外饰面。

2）样板先行制度

项目部严格执行"百年大计、质量第一"的质量方针，在各个分部分项工程施工前样板先行（图6），主要体现在以下几个方面：

（1）项目开工后，根据项目要求编制样板清单与实施计划，并报监理和甲方审核确认后实施；

（2）质量员监督样板的施工过程，并汇总样板施工过程的影像资料；

（3）不同标段或不同施工班组必须分别做施工样板；

（4）项目部组织各方对样板进行现场评估，评估合格后各方在样板确认单上签字，方可大面积实施；

（5）样板经确认后项目部组织施工班组进行培训交底，并形成交底记录。

图6　实体样板

2.3　过程控制

施工单位组建了以项目经理为首的质量管理小组，形成了项目经理—项目总工—技术质量部—工程部—班组为一体的质量管理网络，同时，公司相关部门对项目进行定期检查和不定期抽查，督促现场质量问题的整改，重

难点施工部位的指导，为本项目后期的创优打下坚实的基础。

在整个项目建设全过程中，施工是最重要的阶段，是实现资源优化配置和对各生产要素进行有效计划、组织、指导和控制的重要过程，所以施工中的质量管理就显得尤为重要。施工前，为了各个专业能更细致地理解图纸，更深刻地领悟设计意图，联合设计院组织了多次图纸会审和设计交底，共形成了机电安装、幕墙、预制构件、绿化、室外管综、精装修等十个专业的图纸会审记录。每个重难点、关键质量控制点施工前，按照"方案策划先行，质量标准样板化引路，工艺操作细节培训与交底，操作过程精细化管控"的原则，以视频交底和实物工序样板相结合的形式，推动样板引路，推进"标准化、格式化"施工，确保一次成优。施工过程中，始终坚持旁站自检制度，形成了一套完整的自检—互检—专检—交接检的质量检查验收模式。每个检验批、分项工程完成后，由质检员进行全数检查验收；其中模板、钢筋、混凝土实体、砌体等均按照相应规定检验项目进行100%实测，加强全过程质量管控和半成品与成品检查验收，施工过程中发现问题及时纠偏，加强整改环节督促与落实，确保施工过程质量问题全数整改到位（图7）。

在整个质量管理过程中，原材质量控制是最重要的一环。严把材料采购验收关，确保材料进场质量，构建：责任采购→责任验收→责任发放→责任使用的材料质量管控体系，是原材质量控制的有效手段。项目所需大宗材料采用在网上公开发售招标文件进行招标采购，内部成立采购招标评审小组，并接受建设单位、监理单位共同监督把关，严格控制材料采购质量，确保采购材料质量优质，价格适宜。

本项目主要预制构件为预制叠合板。叠合板由预制构件厂进行工厂化生产、专业化加工，从深化设计、原材料进场、生产、养护、运输、吊装到验收形成了一套完整的质量控制体系，构件深化制度、原材检测、蒸汽养护、叠合板结构性能检测、二维码溯源制度，让每一块构件都能真正做到"生产有依据、质量可追踪"（图8）。

2.4 工程特点和难点

1）工程特点

实现了装配式建筑从设计到施工全产业链的集成优化与创新，实现了设计创新、科技创新、管理创新。

本项目预制构件为预制叠合板，项目部联合公司绿色建筑设计研究院、新型建材公司、BIM科技中心等单位，按照"关于印发《南京市装配式混凝土结构工程质量管理和控制要点（试行）》的通知"（宁建质字〔2017〕194号）的要求，共同参与本工程的深化设计。深化设计主要针对本工程采用的叠合板分布

图7　实测实量

图8　叠合板结构性能检测

平面图、模板图、配筋图、水电安装图、预埋件及细部构造、拉接件布置等（图9）。

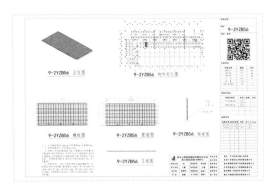

图9　预制构件深化设计

2）施工难点

预制构件安装精度控制与校核。

预制构件的成型质量和吊装精度质量的控制是装配整体式结构工程的重点、难点环节，同时也是核心内容。为达到构件整体拼装的严密性，避免因累计误差超过允许偏差值而使后续构件无法正常吊装就位等问题的出现，吊装前须对所有吊装控制线进行认真的复检。

（1）根据叠合板结构的特点，建立项目质量安全保证体系，同时建立预制构件首件验收、进场验收、首段验收等质量管理制度（图10）。

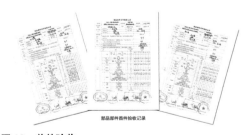

图10　首件验收

（2）开展工程质量管理小组活动，调动全体员工参与质量管理、质量改进的积极性和创造性，以提高质量、降低成本、创造效益，由项目部全员参与组建的问题解决型质量管理小组撰写的《应用QC原理提高叠合板施工质量一次验收合格率》一文，荣获2020年度江苏省工程建设质量管理小组活动Ⅱ类成果（图11）。

图11　质量管理小组活动成果获奖证书

2.5　积极推广建筑业10项新技术

本工程重点推广了住房和城乡建设部（2017版）的10大项中的7个大项25个小项，江苏省（2018版）推广的10大项中的4个大项6小项。申报的新技术应用项目已全部完成，实现了新技术的预期目标，大大提高了项目质量水平和管理水平，同时缩短了工期，取得了明显的经济效益、社会效益和环保效益。其中效果比较显著的三项新技术有：

（1）预制构件工厂化生产加工技术。

本工程主体结构除1层、屋面结构、卫生间等局部采用现浇板外，其余部位均使用预制叠合板。预制叠合板的生产工序少并且工序简单；每个工序可以定点作业，工序之间节拍紧凑、时间短；工序循环作业的内容基本相同；根据叠合楼板的模具和工序特点，采用循环流水线生产，即：底模运动、工序固定、集中养护；生产作业人员少、作业周期短、生产效率高；构件集中养护、热能供应管线短、能耗降低显著，有利于充分发挥工厂化、专业化流水作业的管理优势，在构件生产过程中，实施集约化控制和全面质量管理，有利于提高产品质量，对整个现场工程来讲，减少现场湿作业，减少模板、减少脚手架、减少粉尘、减少噪声、减少污水排放，有利于环境污染的控制（图 12、图 13）。

（2）施工扬尘控制技术。

本工程施工场地较大，为了有效监控和降低现场扬尘噪声，结合市场监管部门对扬尘噪声的监管要求，自施工方案策划开始，贯穿整个施工过程进行了严格的施工扬尘管控措施，主要由以下四个系统组成：扬尘噪声监测系统、自动喷淋降尘系统、雾炮降尘系统、施工现场车辆自动冲洗系统。随着国家对建筑业施工现场扬尘污染监管的力度越来越大，处罚越来越大，施工企业对施工现场扬尘控制技术的重视也日益提高。本项目通过施工扬尘管控技术的落实，很大程度上解决了工地扬尘污染防治不力、工程车辆管理不规范造成的对城市环境污染；促进工地施工更规范，文明施工绿色施工水平得到了提高。运用施工扬尘控制技术既达到了绿色环保、降尘、节水的目的，又得到了主管部门的认可，提升了企业知名度，为本项目获得智慧工地、差别化工地、省级标准化星级工地奠定了良好的基础（图 14）。

（3）基于物联网的劳务管理信息技术。

本工程施工技术复杂、质量标准高、施工工期紧，因此安全生产组织更是项目管理的重中之重。为响应江苏省住房和城乡建设厅制定的《江苏建造 2025 规划》所提出的"精益建造、数字建造、绿色建造、装配式建造"精神，将现场远程视频监控系统、人员动态管理系统、扬尘自动监控与降尘系统、BIM 模型数字化运用、项目质量安全管理平台等原本分散的各项管理进行整合，在南京市建筑工程安全生产监督站的领导下，统一整合到数字化信息管理平台，为实现"数字工地、智慧安监"的有效管理，本项目全过程采用智慧工地平台进行劳务实名制管理。

通过本项目"数字工地、智慧安监"的试运行，充分反映出建筑施工现场安全防护、安

图 14 扬尘管控措施

图 12 预制构件工厂化生产

图 13 二维码扫描信息

全管控的重要性。工地施工现场复杂多样，安全问题多样性。工作在第一线的工人是重点保护对象，实名制管理系统动态掌握工人情况。工人信用库能帮助工人建立良好的用工记录，同时为用工企业提供可靠的工人履历信息，降低用工风险（图15、图16）。

2.6 建筑实体成型效果

建筑实体成型效果见图17~图25。

图15 智慧工地平台总界面

图16 实名制管理系统界面

图17 屋面地砖排版合理，排水顺畅排气管排列整齐有序、高度一致

图18 女儿墙分层合理，造型美观

图19 外立面幕墙美观大方

图20 地下车库环氧地面平整、整洁管道安装规范，整齐有序

图21 公共走道装修考究，灯具排列整齐划一

图22 报告厅

图23 消防警铃安装规范，标识清晰，排列整齐有序

图24 消防设备安装规范、牢固，运行正常

图25 配电室设备安装规范

3 获得的成果

（1）设计成果：2021 年江苏省城乡建设系统优秀勘察设计装配式建筑类二等奖；2021 年度南京市优秀工程设计奖（综合设计奖·建筑工程设计）三等奖；2021 年度南京市优秀工程设计奖（综合设计奖·市政公用工程设计）三等奖；2021 年度南京市优秀工程勘察设计奖园林景观规划与设计三等奖；2021 年度江苏省优秀勘察设计行业奖人防工程设计二等奖。

（2）论文：《组合式塔式起重机基础在深基坑施工中的应用》获 2019 年度南京市优秀论文三等奖；

《大型深基坑支撑梁拆除技术分析》获 2019 年度南京市优秀论文三等奖。

（3）QC：《应用 QC 原理提高叠合板施工质量一次验收合格率》成果，获 2019 年度南京工程建设优秀 QC 成果二等奖，获 2020 年度江苏省工程建设质量管理小组活动 II 类成果。

《提高屋面防滑砖施工质量一次验收合格率》成果，获 2021 年度江苏省工程建设质量管理小组活动 III 类成果。

（4）优质结构：获得南京市 2019 年度优质结构工程。

（5）金陵杯：获得 2021 年南京市优质工程奖"金陵杯"。

（6）扬子杯：获得 2021 年江苏省优质工程奖"扬子杯"。

（7）安全文明方面：南京市 2018 年下半年建筑施工市级标准化文明示范工地；南京市 2019 年差别化管理工地；2019 年下半年江苏省建筑施工标准化星级工地；南京市 2020 年上半年建筑施工市级标准化文明示范工地。

（8）综合效益方面。

作为六合区的重点项目和六合经济开发区招商引资的重要载体，为保障项目的顺利竣工和交付，我公司组建了优秀的项目管理团队，配备了专业的技术、质量、施工、安全等专职人员。本项目影响力较广，社会关注度较高，从开工到结束，共迎接了市委市政府、市发改委、六合区等各个部门共 11 批次的视察。经过公司认真策划，项目部精心组织，2020 年下半年，在相关主管部门的指导下，组织了以 EPC 总承包、幕墙施工、装配式施工为主题的六合区区级观摩，共迎接观摩人数达 400 人次，为后期六合区 EPC 总承包项目提供了新的探索方向，取得了显著的社会效益。

（杨益民 赵高平 窦飞）

26. 中国移动（江苏无锡）数据中心三期
——江苏富源广建设发展有限公司

1 工程基本情况

1.1 工程概况

中国移动（江苏无锡）数据中心三期项目位于无锡市新吴区菱湖大道 139 号，总建筑面积 43994m²，4 号楼地上 9 层，建筑面积 23857m²，桩－筏基础，框架结构（图 1）。

1.2 工程建设各方的名称

建设单位：中国移动通信集团江苏有限公司无锡分公司

设计单位：江苏省邮电规划设计院有限责任公司

监理单位：无锡建设监理咨询有限责任公司

总包单位：江苏富源广建设发展有限公司

施工参建单位：南通扬子设备安装有限公司

1.3 工程主要使用功能及用途

中国移动（江苏无锡）数据中心三期项目建成后，购置交换机等国产设备 190 台（套），引进测试设备 8 套，提供移动通信业务及互联网接入服务，作为生产及办公用房。

1.4 开竣工时间

本工程正式开工日期为 2018 年 5 月 13 日（桩基 2018 年 1 月 15 日），竣工验收日期为 2020 年 9 月 8 日，于 2020 年 11 月 9 日完成竣工验收备案（图 2）。

图 1 项目图片

图 2 实景照片

2 精品工程创建过程

2.1 工程特点

本建筑以简洁大气的方形构成，整个建筑外立面通过形体与材料的对应关系，运用现代材料，建筑外形性稳重，建筑造型清新简约、时尚美观；室内装饰装修大部采用国内一线品牌，整体效果美观大方，细部处理精致细腻。舒适的空间，便捷的路线，环保的理念，简约的色彩，营造一个自然、舒适、高效率的生产运营及办公环境。

2.2 工程施工技术管理难点

2.2.1 混凝土裂缝控制

主体施工受温差及环境影响，塑性收缩裂缝和温度裂缝控制难度较大，初凝前通过直接覆盖薄膜控制塑性裂缝，通过优化配比和加盖麻袋控制水化热和内外温差控制温度裂缝，有效避免了混凝土裂缝的产生（图 3、图 4）。

图 3 麻袋保温

图 4 薄膜覆盖

2.2.2 砌体质量控制

加气块墙体按要求设置构造柱、圈梁、门边柱，构造柱马牙槎设置规范、观感好。

2.2.3 防水工程要求高

本工程屋面采用非固化沥青和 2mm 厚 SBS 防水卷材，面积约 9000m²。防水的细部

图 5 施工缝边阴角细部处理

处理节点多且量大，因此对屋面防水施工质量的要求较高（图 5）。

2.2.4 机电安装错综复杂

该工程水电、暖通、消防、水冷空调等工程各安装功能齐全，各功能房各种管线纵横交错，错综复杂。施工配合、成品保护难度大、协调工作量大（图 6）。

图 6 机电安装

3 精品工程过程管理

3.1 建设过程质量管理实践情况

（1）工程开工前，就确立了争创"扬子杯"的质量目标。成立创优小组：由建设方组织监理、总包单位、各专业施工方人员组成。形成了管理网络，落实管理职责和标准，签订了责任状（图 7、图 8）。

（2）编制各专业创优方案：进行创优策划，制定创优管理方案和实施方案，保证目标实现的过程活动要求，坚持有目的、有步序地实施，并制度化监督。

（3）工程中实行样板引路和样板交底制度，规范施工（图 9）。

（4）深化施工二次设计、落实重点区域细部特色：对地下室、屋面、卫生间、电梯厅、消防楼梯、大厅、标准层进行特色策划，制定细部施工措施，明确实施责任部门和责任人，

图 7 对项目部人员交底　　图 8 对班组长交底

图 9 样板展示区

力求体现大楼的风格和效果的同时，实现细节精品，为工程创优提供保障。

（5）管道的制作和安装方面利用 BIM 技术、工厂自动焊接技术进行管道的焊接和管道的模块化分段吊装的方案，来提升管道焊接质量与安装难题。

3.2 工程节能环保实践情况

3.2.1 节能环保情况

（1）门窗采用断桥隔热型材及中空玻璃节能环保。

（2）屋面采用挤塑板保温系统。

（3）照明灯具采用发光效率高的节能光源。

3.2.2 绿色施工情况

（1）在环境保护方面项目部加大了投入，对主要施工区域全部采用商品混凝土硬化，非主要区域采用种植花草等植物，改善工地环境，生活生产区设置沉淀池等设施，对排出的污水进行沉淀处理，符合排放标准后再排入城市污水管网。

（2）在施工中，项目部以节约资源为目标，合理使用废旧材料和周转材料；在职工生活区安装节水、节电装置，节约水、电资源；在施工区域设置雨水收集池，经沉淀后用于混凝土养护、冲洗施工车辆，减少对城市用水的消耗（图10~图15）。

图 14　雨水回收池　　图 15　隔油池

3.2.3 室内环境检测

工程竣工后，对室内环境进行了检测，各项指标均符合国家标准。

3.3 工程实体质量创优实践的主要情况

3.3.1 地基与基础工程

工程基础设计为高强预应力混凝土预制管桩，承台、筏板采用 C35 P6 防水混凝土基础。材料方面选择信誉高，有长期合作经验并符合投标文件品牌要求的供应厂商，保证材料供应，施工中遵循"严要求、高标准"的原则，狠抓工程质量，指定关键工艺质量技术保证措施，施工中严格执行"三检制"，加强现场各作业区、作业工序、作业班组的协调管理工作，合理调配生产要素，兼顾各机组施工。

3.3.2 主体结构工程

（1）采用胶合板模板和木方定型组合，使用对拉螺栓、可调节式方柱模板加固件，薄型自粘带封堵，模板拼缝严密，无胀模、漏浆等现象，混凝土表面平整、光滑，截面尺寸准确，无明显色差，达到清水混凝土效果（图16）。

（2）钢筋保护层采用塑料限位件，固定方便、位置准确（图17）。

图 10　办公区绿化　　图 11　混凝土路面

图 12　施工现场大门冲洗　　图 13　淋浴间使用太阳能

图 16　胶合板模板和木方定型组合

图 17　钢筋保护层采用塑料限位件

（3）填充墙构造柱按规范及图纸要求设置，马牙槎先退后进，上下顺直。墙面上粘贴双面胶带，并采用对拉螺栓进行加固，避免胀模和漏浆（图 18）。

图 18　填充墙构造柱

（4）浇筑好的混凝土工程，对竖向构件施工缝进行凿毛处理。有专人进行浇水、养护，混凝土养护时间不少于 7d 保证了混凝土的质量。对竖向构件实施喷洒养护剂养护办法（图 19）。

图 19　浇筑好的混凝土工程处理

（5）外门窗边框与洞口之间的间隙采用弹性闭孔材料填充饱满，并使用密封胶密封，窗框外侧留 10 mm 宽的打胶槽口（外墙面层为粉刷层时，宜贴"⊥"形塑料条做槽口），清理干净、干燥后，贴美纹纸，打密封胶，密封胶应采用中性硅酮密封胶。密封胶做到表面光滑，无杂物、气泡（图 20）。

3.3.3　建筑装饰装修工程

（1）整个大楼外立面采用真石漆，竖向线条分格（图 21）。施工中根据设计要求组织深化设计与精心施工，尺寸精确，外墙线条通顺，分格均匀平顺，富有现代气息。门窗均采用断桥隔热门窗系统，玻璃采用中空玻璃。气密性性能，水密性、能抗风压性能满足设计要求。

图 20　门窗边框与洞　图 21　大楼外立面
口之间的间隙处理

（2）内装饰简洁大方。公共部位采用内墙涂料，房间内为专用腻子粉批墙，表面平整，阴阳角顺直。均匀，颜色一致。

（3）楼梯间踏步高、宽一致，扶手高度符合规范要求（图 22）。

图 22　内墙、楼梯间

3.3.4　防水工程

（1）屋面防水采用非固化沥青加 2mm 厚自黏性 SBS 防水层。屋面坡度正确，收头精美。使用至今无渗漏。分仓分格合理、清晰，设备基础整齐划一，观感好；排气管位置统一，排列整齐（图 23）。

（2）厕浴间及用水房间防水采用 1.5mm 厚聚氨酯防水涂膜。经过两次蓄水试验和一年多使用，未发生渗漏。

图 23　屋面　　　　　　图 24　管道安装

3.3.5　机电设备安装工程

1）建筑给水排水及供暖工程

（1）给水、消防、暖通等管道定位准确，管道安装试压一次性成功，满足规范及使用要求。保温铺贴严密，美观大方，无开裂、脱落现象。

（2）管道安装整齐规范、标识清晰，支、吊架布置合理，间距满足设计要求（图 24）。排水管道坡度合理，标识明确规范。消防系统设备安装布置紧凑，运行正常；油漆色泽均匀，标识清晰完整。相同设备及配件安装成排成线，整齐划一。

（3）上人屋面透气管高度大于 2.0m，排列整齐划一，角钢固定稳固。

（4）设备穿楼面处均设置挡水坎，防火封堵严密美观。

2）建筑电气工程

各类电气设备安装规范、美观（图 25）。

桥架、支、吊架安装牢固，横平竖直，跨接准确、规范。

配电箱柜安装稳固，电线敷设整齐、接线规范，标识正确。

系统运行平稳，控制灵敏。

开关盒控制灵敏，标高一致。

3）电梯工程

电梯运行平稳，平层准确，运行噪声低，各控制信号响应灵敏，安全可靠，一次通过电梯专项验收（图 26）。

图 25　电气设备安装

图 26　电梯

4）水冷离心空调系统安装工程

按照方案的要求，利用 BIM 制图技术，提高了管道下料和装配的准确性和效率；利用工厂自动焊接技术提高了焊接质量，使其 100% 探伤试验合格，提高了焊接效率；设备安装完和调试完成后各系统运行正常（图 27~图 30）。

4　工程的特色及亮点

（1）建筑造型清新简约，时尚美观（图 31）。

图 27　现场测量定位　　图 28　管道自动焊接

图 29　管道探伤及钢印编码　图 30　成品包装

图 31　建筑造型

（2）一楼大厅美观大方，细部处理精致细腻（图 32）。

图 32　一楼大厅

（3）室内环境舒适、环保、简约（图 33）。

图 33　室内环境

（4）电梯、楼梯干净整洁（图 34）。

（5）卫生间无渗漏，墙地砖铺贴平整（图 35）。

图 34　电梯、楼梯

图 35　卫生间

（6）屋顶布置合理美观、管道安装整齐规范（图 36）。

图 36　屋顶

（7）支、吊架安装牢固，管线排列整齐划一（图 37）。

图 37　支、吊架

（8）风机系统管道合理布置，出风口简洁自然（图38）。

图38　风机系统管道

（9）设备安装排列整齐，标识清晰醒目（图39）。

图39　设备安装

（10）水喷雾系统管线安装提前策划，管道设备排列整齐（图40）。

图40　水喷雾系统

图41　水冷机房内部机组

（11）水冷空调机组设备为数据中心里的设备保驾护航。

①水冷机房内部机组排序整齐（图41）。

②室外管线排布合理、保护层施工细致（图42）。

图42　室外管线

③室内制冷管道排列整齐、保温铺贴严密，美观大方、标识清晰（图43）。

④监控设施实时在线监控（图44）。

图43　室内制冷管道

图44　监控设施

⑤设备在低温环境下平稳运行（图45）。

图45　设备

5　工程获奖与综合效益

5.1　工程获奖情况

1）设计获奖

本工程被江苏省勘察设计行业协会评价为优秀设计（图46）。

2）施工过程获奖

未拖欠进城务工人员工资，未发生任何安全责任事故。工程获2018年度"无锡市新吴区标准化工地"；2018年度"江苏省建筑施工标准化星级工地"；获2018年度"第二批全国建筑业绿色施工示范工程"（优良水平）（图47）。

3）科技进步奖

获得2019年度无锡市QC成果一等奖；

图46　设计获奖

图48　科技进步奖证书

省级QC成果二等奖（图48）。

4）施工质量奖

获无锡市2021年度无锡市"太湖杯"优质工程奖；2021年度江苏省优质工程奖"扬子杯"（图49）。

图49　施工质量奖证书

图47　施工过程获奖证书

5.2 综合效益

通过先进的设计，事前的预控，管理的严控，工程质量满足合同要求，施工中各参建方多方监控，工程施工过程无安全、质量事故。

通过本工程创优过程，为公司创优积累了宝贵经验，工程质量受到社会各界的一致好评，获得了良好的社会声誉。工程投入运营后达到很好的经济效益，达到项目预期（图50）。

图 50　项目效果图

（虞哲峰　周斌　陆军）

27.XDG（BH）-2016-12 号地块建造科研用房及相关配套设施 ——江苏天亿建设工程有限公司

1 工程概况

1.1 工程简介

XDG（BH）-2016-12 号地块建造科研用房及相关配套设施项目位于无锡市建筑西路 888 号；坐落于江南风景秀丽的蠡湖之滨，地理位置优越，风景优美；本项目总建筑面积 38345m²；主要功能为科研办公用房，整体功能合理、做工精细，是一座现代化智能大厦（表1、图1）。

项目概况表　　　　　　　　表 1

总建筑面积	38345m²	地上	9 层：23202m²
		地下	-2 层：15143m²
建安造价	16800 万元	工期	510d
开工日期	2018 年 8 月 22 日	竣工日期	2020 年 9 月 30 日

1.2 各责任方主体

建设单位：无锡久景科技有限公司

设计单位：无锡轻大建筑设计研究院有限公司

勘察单位：江苏省岩土工程勘察设计研究院

监理单位：江苏大洲工程项目管理有限公司

图 1　外立面图

质量监督单位：无锡市滨湖区质量安全监督站

总承包单位：江苏天亿建设工程有限公司

2 工程建设过程的质量管理情况

2.1 建设单位质量管理

整体设想：建设方的初期设想就是在优越的地理位置条件下，建造一座现代化智能办公大厦，建成后使之成为滨湖区蠡湖边的标志性建筑，为今后的办公创造舒适的条件。

开工之初，建设单位就明确了确保江苏省优质工程奖"扬子杯"的质量目标；在施工过程中，建设、设计、勘察、监理、施工单位相互之间紧密结合，形成合力，确保施工质量目标的实现。

在施工过程中，在建设单位的统一协调下，各单位之间相互协调，紧密配合，工程管理衔接顺畅，为工程创优奠定了坚实的管理基础。

2.2 监理单位质量管理

监理单位在施工过程中严格按照施工规范及操作规程进行过程管理及检查验收，并按照以下几个管理制度来进行施工质量预控。

适时编制"监理规划"和各类"监理细则"，完善监理工作指导文件。

制定了各类人员的岗位工作职责和实施分配履行表，做到了职责明确和各项工作实施的落实。

实行监理岗位职责履行情况的考核制度，通过个人自评打分、专业组长、专业监理工程师评分，总监审定的程序进行考核评定。

完善项目的各项管理工作制度并认真实施，使各项监理工作有序规范地加以开展。

加强现场施工质量和安全文明施工监理检查力度，使各项问题整改到位。

2.3 设计单位质量管理

设计总体构思：整个规划由9层主楼和3层裙楼组成，两栋楼之间以连廊连通，形成一个有机功能的结合。

建筑设计：建筑设计中将不同的功能进行了组合，既解决了用地紧张的现状，又符合了当代办公设计的集约化、复合化的趋势（图2）。

图2 设计效果图

施工现场专门安排设计代表一名，为各参建方搭建沟通的桥梁，及时解决设计图纸上的问题，从建设单位的角度出发，提出经济、实用、技术的方案和意见。

设计负责人全程做好设计团队之间的沟通和协调，确保设计的完整与统一；做好设计交底，确保施工单位和监理单位全面准确地理解设计意图，促进施工质量的提高和施工进度的顺利进行，对施工、监理等单位提出的问题及时予以解答。

2.4 总承包单位质量管理

质量管理思路：工程开工伊始，就确定了确保江苏省优质工程奖"扬子杯"的质量目标，现场建立以总承包为主体，其余责任主体全员参与的质量管理保证体系，以此保证质量管理工作的系统性、规范性、安全性。

质量管理体系：建立工程质量管理网络组织机构，推行全面质量管理，实行工程目标管理，认真贯彻各项技术管理制度和岗位责任制，推行分项样板制，贯彻实行自检、互检和交接检制度。

施工样板制度：现场成立样品间，保证所选材料的合理性、先进性、经济性；过程中实行样板带路，对屋面、卫生间面砖施工、外装饰幕墙打胶先做样板，卫生间及标准层确定样板间，再确定墙地砖铺贴、开关尺寸位置、地漏开孔定位、墙地砖对缝等统一的做法，达到创优要求后再大面积施工；安装工程反复推敲选定出最佳施工方案，确保安装质量（图3~图6）。

图3 楼梯结构样板　　图4 砌体样板

图5 屋面样板　　　　图6 管道井样板

3 新技术应用情况及绿色施工情况

（1）本工程共推广应用了住房和城乡建设部建筑业10项新技术中的7大项13个子项（表2）。

（2）过程中，采用了定型化防护、废料利用、木方接长、新型模板支撑、雨水回收、雾炮降尘、节能照明、噪声监测等21项"四节一环保"措施，绿色施工成果显著。

住房和城乡建设部建筑业 10 项新技术　　　　　表 2

序号	新技术项目名称	应用部位	应用量
1	2.钢筋与混凝土技术 2.5 混凝土裂缝控制技术 2.7 高强钢筋应用技术	基础底板 基础主体工程	5210m³ 3000t
2	3 模板脚手架技术 3.1 销键型脚手架及支撑架	主体工程	3021m²
3	6.机电安装工程技术 6.1 基于 BIM 的管线综合技术	地下室	6600m²
4	7.绿色施工技术 7.3 施工现场太阳能、空气能利用技术 7.4 施工扬尘控制技术 7.5 施工噪声控制技术 7.7 工具式定型化临时设施技术	办公区生活区 施工全过程 施工全过程 施工全过程	太阳能热水器 喷淋等 噪声监测等 通道等
5	8 防水技术与围护结构节能 8.1 防水卷材机械固定施工技术	防水工程	2000m²
6	9.抗震、加固与监测技术 9.7 深基坑施工监测技术	深基坑	29 个测点
7	10.信息化技术 10.1 基于 BIM 的现场施工管理信息技术 10.2 基于大数据的项目成本分析与控制信息 10.4 基于移动互联网的项目动态管理信息技术	施工全过程	一套

4　质量特色与亮点

（1）建筑桩基设计等级甲级，基础采用预应力管桩＋筏板基础，共 428 根预应力管桩，经检测：Ⅰ类桩达 100%，单桩承载力极限值 4200kN，单桩抗拔极限值 1000kN，满足设计要求。工程共设 16 个沉降观测点，观测 22 次，11 号点累计沉降量最大，为 -33.4mm；7 号点沉降量最小，为 -31.1mm；相邻观测点最大沉降差为 2.3mm；最后百日沉降速率为 -0.009mm/d，沉降均匀且已稳定（图 7、图 8）。

（2）本工程地下室 -2 层，基坑最深处 10.6m，支护结构为围护桩加土钉墙；施工过程中，基坑支护结构无变形、无位移。地下防水等级一级，采用 1.5mm 厚高分子自粘胶膜防水卷材及 1.5mm 厚自粘聚合物改性沥青防水卷材；防水效果显著，整个地下室底板、顶板、墙板均无渗无漏（图 9）。

（3）混凝土结构棱角清晰、节点方正、达到清水效果（图 10）。

图 9　地下室无渗漏

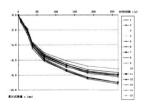

图 7　沉降观测点　　图 8　沉降观测曲线图

图 10　清水混凝土

图 11　屋面全景图　　　　图 12　外立面铝板幕墙

（4）屋面防水等级一级，双道设防，坡向正确，细部节点精美，出屋面设备统一规划，排列整齐；经蓄水试验、大雨观察无渗漏（图 11）。

（5）外立面为铝板幕墙，所有检测报告均合格，整体外装饰观感美观，使用至今无渗漏（图 12）。

图 16　楼梯间　　　　　图 17　滴水线

（6）内装饰简洁大方，石材铺贴电脑排版，镶贴牢固，缝格均匀顺直；室内吊顶接缝严密、布点一致，末端设备位置排布居中对称、成排成线（图 13~图 15）。

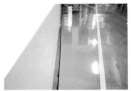

图 18　地下室环氧饰面　　图 19　地下室明排水沟

（9）给水排水管道布置合理、排列整齐，接口严密，水压试验合格，输水流畅，无渗漏；

图 13　内装饰简洁大方

图 20　消防管道排列整齐　图 21　湿式报警阀组整齐

管道压力试验、消火栓喷淋管道压力试验、阀门试验等全部合格（图 20、图 21）。

（10）配电箱柜安装稳固，箱内导线入排顺直；电缆桥架、封闭母线安装横平竖直、牢固，跨接规范、美观；桥架内电缆敷设整齐、绑扎牢固、分色清晰、接线规范；桥架吊筋外包 PVC 套管，新颖独特（图 22、图 23）。

图 14　地面石材镶贴平整　图 15　走道末端设施居中

（7）楼梯贴砖定尺下料，防护栏杆安装牢固，滴水线顺直（图 16、图 17）。

（8）地下室分缝合理，表面无裂纹，划线标识清晰，环氧饰面层平整亮丽，无渗漏；明排水沟做工细腻、顺直通畅（图 18、图 19）。

（11）泵房设备安装稳固、运行稳定（图 24、图 25）。

图 22　配电箱柜安装稳固

图 23　桥架排列整齐

图 28　消控室

图 29　火灾报警

图 24　生活水泵房

图 25　消防水泵房

图 30　电梯间

图 31　电梯平层准确

图 26　空调布置合理

图 27　风管运行平稳

江苏省特种设备监督检验技术研究所检验合格（图 30、图 31）。

5　获奖情况及综合效果

工程先后荣获江苏省优质工程奖"扬子杯"、江苏省建筑施工标准化星级工地、二星级绿色建筑、无锡市优质工程奖"太湖杯"等奖项，并获科技管理类奖项多项。

本工程严格按照"事先策划、样板引路、加强过程控制"的要求，顺利完成各项验收并交付使用，质量一次成优，为达到既定的目标——"扬子杯"奠定了基础；项目竣工交付使用至今，结构安全可靠，系统功能运转正常，使用单位非常满意！

（袁志钢　史江疆　曹玥）

（12）空调设备布置合理，风管运行无振动、无噪声，各类检测试验全部合格，经分区分系统调试及联动调试一次成功，运行良好（图 26、图 27）。

（13）智能建筑工程包括通信网络、建筑设备监控、安全防范、综合布线等 9 个系统；经过线路点位检测，区域主机试运行，主机联动运行检测，投入使用至今，运行正常（图 28、图 29）。

（14）6 部电梯运行正常、平层准确，经

28. 苏州中心广场项目 E 地块 9 号楼（塔楼部分）
——中亿丰建设集团股份有限公司

1 工程概况

苏州中心广场项目 E 地块 9 号楼位于苏绣路与星阳街交汇处，地处苏州工业园区金鸡湖畔湖西 CBD 区域。本工程为框架 – 核心筒结构，框架抗震等级为一级，核心筒抗震等级为一级，抗震设防烈度为 7 度。总建筑面积 86137.2m²，地下 –3 层，地上 56 层，建筑高度 220.9m，主要作为超高层公寓塔楼，与周边地块连为一体的裙房组成。连接东西方向的裙房结合了功能、街景两大方面，为创造在视觉上与其相连接的其他地块建筑有连续性、一体性的街景提供条件。围绕着以东方之门为中心，向预定建设的超高层塔楼方向呈现螺旋状上升的天际线，塔楼的外装统一采用简洁的玻璃幕墙，表现出先进的、高品位的 CBD 的象征性（图 1）。

本工程由苏州工业园区金鸡湖城市发展有限公司投资，中亿丰建设集团股份有限公司总承包施工，中衡设计集团股份有限公司设计，上海建科工程咨询有限公司监理。工程于 2020 年 6 月通过竣工验收。

2 创精品工程

2.1 工程建设管理

本工程在开工之初，就明确了省优"扬子杯"的质量目标。建立了质量责任制，根据公司《综合管理体系程序文件》和《质量创优计划》，把质量工作落实到各个职能人员和各个工作岗位，各行其责，对工序和工程负责到底。

抽调一批项目骨干组成强有力的项目经理部及管理班子，落实项目经理负责制，选调业务素质高、施工经验丰富、责任心强的专业施工队伍施工。

强化创优意识，在全体管理和施工人员中开展创优目标教育，努力使创优目标活动深入人心。

工程开工前，组织项目部施工技术人员熟悉、审查设计图纸，进行图纸会审，并由技术负责人组织编制好施工组织设计，报公司总工程师及监理单位审批，通过后方可进行施工。在每个分项工程施工前，由技术负责人编制专项施工方案，并组织施工人员向施工班组长进行质量技术交底。各班组长负责在每天作业前向本班职工进行施工交底，严格执行技术质量保证措施。项目部制定各项技术管理制度，保证有关技术工作正常运行。

（1）编制并执行了创优计划和各分部分项工程的作业指导书，加强过程控制和工序管

图 1 外立面

理，实行"三检制"，及时完整做好质量记录和验评资料。

（2）执行公司综合管理体系程序文件，建立项目质量保证体系和建立各级质量责任。

（3）加强施工过程控制，严把原材料复试和成品、半成品质量关，严格控制工序质量，严格实施隐蔽工程验收，每个分部、分项工程的关键工序（位置）设立质量管理点，贯彻执行自检互检和交接检制度。

（4）严格执行样板间引路制度。样板间的施工由各专业工种技术过硬的施工人员承担，提高样板自身质量水平，以样板工程带动工程质量全面提高。

（5）在施工队伍的组建上，选择施工经验丰富的技术型操作工人参与施工，推行工程施工质量奖罚制度。对班组承包价格采用固定单价加浮动单价，根据各个分项的施工质量进行奖罚。

（6）认真做好各类计量器具及检测设备的检定工作，使其所有检测数据和检测结果更具有效性、可靠性。

（7）制定质量通病的预防措施。

（8）成立 QC 小组进行技术难点的现场攻关。

2.2　工程技术难点

（1）为确保紧邻地铁隧道深基坑安全，外侧围护结构设计采用地下连续墙，中隔墙采用钻孔灌注桩＋三轴搅拌桩止水的形式，基坑支护结构采用中隔墙分坑施工后，将大坑分成小坑先后施工，施工区域面积分成多次施工，坑内支撑采用三道钢筋混凝土支撑＋临地铁侧自动伺服钢支撑的支护体系。

（2）Wi-Fi 覆盖技术

公寓 Wi-Fi 为了确保信号做到无死角全覆盖，系统采用 AC+AP 的模式，统一管理AP，根据建筑装修结构及面积，精确计算天

线安装位置，施工过程中采用目前最权威的（热成像仪 FLUKE）检测技术，确保信号值控制在 –65dB 以内并无死角，全覆盖，既做到了信号的均匀分布、统一管理、提升了传输效率，同时降低建设成本。

2.3　工程整体质量情况

1）地基与基础工程

本工程采用钻孔灌注桩 355 根。静载试验检测共计 12 根，承载力满足设计要求。低应变检测：其中 I 类桩占检测桩数的 96.4%，II 类桩占检测桩数 3.6%、无 III、IV 类桩。

工程沉降观测严格按规范及设计要求设置，9 号楼设置了 24 个观测点，9 号楼最大累计沉降量为 34.96mm，最小累计沉降量29.93mm，观测最后一周期最大沉降速率为0.010mm/d，沉降均匀稳定（图 2）。

2）主体结构工程

（1）工程结构安全可靠；混凝土结构内坚外美，达到清水混凝土效果，柱、梁棱角分明，构件尺寸准确，表面平整清洁，垂直、平整度均控制在 4mm 以内。

（2）受力钢筋的品种、级别、规格和数量严格控制，满足设计要求，墙体采用 ALC 蒸压砂加气混凝土砌块及 ALC 墙板，砌体工程施工中，严格按标准砌筑及验收，垂直、平整度均控制在 5mm 以内。

3）建筑装饰装修工程

（1）外装饰。

本工程主要为单元式横明竖隐幕墙系统，局部单元板块采用横向单向弯弧形式，采光优越，美观大方。现场安装精确，节点牢固，幕墙四性检测符合规范及设计要求（图 3）。

（2）内装饰。

本工程室内地面为地砖、大理石、地板、地毯等，大理石地砖设计新颖，拼缝均匀，表面平整（图 4）。

图 2　沉降观测点　　　　　　图 3　幕墙外立面　　　　　　图 4　石材地面

内墙装饰面为墙纸、涂料、木饰面、面砖、大理石等,阴阳角顺直,美观大方(图 5、图 6)。

图 5　石材墙面　　　　图 6　墙纸

顶面为涂料、石膏板吊顶等接缝严密,灯具、烟感、喷淋头、风口等位置合理、美观,与饰面板交接吻合、严密(图 7)。

图 7　石膏板顶面

4)屋面工程

9 号楼塔楼屋面为混凝土屋面,70mm 厚XPS 挤塑聚苯板。屋面防水层采用 4mm 厚SBS 改性沥青防水卷材,防水工程完工后经闭水试验,使用至今无渗漏。

5)机电安装工程

(1)电气部分。

母线、桥架安装横平竖直;防雷接地规范可靠,电阻测试符合设计及规范要求;配电箱、柜接线正确、线路绑扎整齐;灯具运行正常,开关、插座使用安全(图 8、图 9)。

图 8　配电柜　　　　　　图 9　桥架

(2)给水排水部分。

管道排列整齐,支架设置合理,安装牢固,标识清晰。给水排水管道安装一次合格,主机房设备布置合理,水泵整齐一线,安装规范(图 10、图 11)。

图 10　水泵房　　　　　　图 11　消防管道

（3）通风空调部分。

支吊架及风管制作工艺统一，风管连接紧密可靠，风阀及消声部件设置规范，各类设备安装牢固、稳定可靠，运行平稳（图12、图13）。

图12 风管　　　　图13 DHC 机房

6）电梯工程

电梯施工单位为上海三菱电梯有限公司，电梯经江苏省特种设备安全监督检验研究院检测，检测均为合格（图14）。

图14 电梯间

2.4 工程主要质量特色细部亮点

工程按照创"扬子杯"的质量目标进行全过程控制，体现出三大工程特色及八个细部亮点。

特色1：主楼塔楼采用单元式横明竖隐玻璃幕墙、背衬 2.0mm 粉末喷涂铝板、铝合金百叶、铝合金龙骨、3mm 铝单板、装饰合金线条等组成。整个地块通过外立面线条对齐的控制

来创造出具有统一感的街景，通过塔楼临外街面无凹凸设计来实现整齐的街景（图15）。

图15 外立面全景

特色2：地下室混凝土原浆抹面耐磨地坪，采用 C30 混凝土原浆抹面地坪＋耐磨金刚砂骨料面层（用量≥ 5kg/m²）＋耐磨固化剂（刷两道，使混凝土表面莫氏硬度≥ 8），表观上完整闪亮，防油污，耐磨耐压，方便清洁（图16）。

图16 地下室地坪

特色3：消防泵设备安装布局合理、整齐统一，消防水管道排列整齐。花型支墩造型优雅，美观实用（图17）。

图17 消防泵房

亮点1：公共楼梯间扶手安装牢固，踏步整齐划一（图18）。

亮点2：公区走道采用回形走道，宽 1.83m，墙地石材饰面，顶棚灯箱并嵌玫瑰金

图 18　公共楼梯间

不锈钢线条装饰，天地墙明净洪亮的视觉搭配，给人身心放松（图 19）。

亮点 3：内装细部阴阳角方正，棱角清晰，顺直服帖（图 20、图 21）。

图 19　墙地面

图 20　墙面金属踢脚及收边　图 21　吊顶不同材质收边处理

亮点 4：地下室明露管线统一采用成品支吊架，安装方便，环保美观，标识清晰（图 22）。

图 22　管道支架

亮点 5：配电箱柜高度统一，电线排列整齐、接线规范，元器件动作灵活（图 23）。

亮点 6：穿墙管道排列整齐、封堵到位（图 24）。

图 23　配电间

图 24　穿墙封堵

亮点 7：玻璃幕墙节点安装牢固，玻璃间胶缝饱满顺直（图 25）。

图 25　玻璃幕墙

亮点 8：室外广场砖铺贴平整，造型美观（图 26）。

图 26　室外工程

2.5　工程验收情况

地基与基础、主体结构、建筑装饰装修、屋面工程、给水排水及供暖、通风空调、建筑电气、电梯、智能化、节能等分部工程验收合格。室内环境、空调、避雷、电梯、水质均检测合格，消防、节能、环境及单位工程均验收合格。

工程资料编目清晰，查找方便，装订整齐，覆盖全面，所有资料准确、有效、真实，具有可追溯性。

工程获得的各类成果（图27）：

2014 年度第一批"江苏省建筑施工标准化文明示范工地"；

2015 年苏州市 QC 成果二等奖；

实用新型专利三项；

2017 年全国建筑业绿色施工示范工程；

2017 年江苏省建筑业新技术应用示范工程；

2021 年江苏省"扬子杯"优质工程奖。

工程交付使用至今，结构安全可靠，系统运行正常，工程无渗漏，无质量问题及安全隐患，功能满足设计和使用要求，得到了业主的一致认可。

图 27　获奖证书

（吴志杰）

29. 杜克教育培育中心（一期）3号培育楼
——苏州第一建筑集团有限公司

1 工程概况

1.1 五方责任主体

建设单位：昆山阳澄湖科技园有限公司

代建单位：苏州城投项目投资管理有限公司

设计单位：中衡设计集团股份有限公司

勘察单位：昆山市建设工程质量检测中心

监理单位：苏州科正工程管理咨询有限公司

施工单位：苏州第一建筑集团有限公司

1.2 项目简介及设计概况

昆山杜克大学是由美国杜克大学和中国武汉大学联合创办中外合作大学，致力于建设成为一所倡导通识博雅教育的世界一流学府，为中国与世界各地学生提供高质量的创新学术和教育项目。工程位于昆山市祖冲之路东、杜克大道北，周边环境优越，是一所外观设计现代、设施功能齐全的现代化国际一流学校，其展现浓郁的场所感，体现江南的水乡空间和人文底蕴，实现美国杜克大学与中国昆山独特文化的完美交融（图1）。

3号培育楼位于昆山杜克大学的主轴线上，是昆山杜克大学的主要建筑之一，承担教学、实验、行政办公等用途。工程外立面装饰为干挂石材饰面及金属板、玻璃幕墙；建筑整体庄重、朴素、自然、美观大方，有其独特的文化格调和人文气质。内部装饰设计美观实用，线条简洁流畅，功能布局合理。设备配置合理，在充分考虑功能使用的前提下，注重低碳、绿色、环保等国际化要求。

图1 项目俯瞰图

本工程为钢筋混凝土框架结构，建筑高度22.9m，1~3层层高5m，4层层高7m。占地面积5651m²，建筑面积17808m²，地上4层。1~3层为行政楼、教学用房，4层为机房层。

2 实施全面质量管理，创过程精品，一次成优

工程开工前公司确立了创"省优"工程的质量目标，施工中坚持科技创新，过程精品的管理理念，制定一系列科学有效的质量保证体系和技术措施，形成了包括业主、设计、监理、施工单位全员参与的综合管理控制网络。

2.1 做好工程施工前的各项策划工作

施工前期，项目部抓好工程总体策划工作。编制了《创优实施方案》《工程目标管理计划》《项目管理规划》等多项创优保证措施。

2.2 完善各级检查验收制度

项目部建立和完善了质量检查验收制度、重要部位中间验收制度和材料检验制度。对关键部位实施专人旁站监督；对工程材料严格按

设计要求和产品质量要求组织选购，实施进场材料按样品检验、验收。

2.3 抓好工程施工前期的方案与技术交底工作

（1）对于重点、关键性施工方案，项目部召开专题会议和组织专家论证。

（2）项目部坚持在施工前做好细致的技术交底工作，让每一位操作工人都能准确、详细地了解操作要点，使工艺过程具有可行性和可操作性。

2.4 工序质量管理点的设置和控制

对钢筋混凝土结构、水电安装、装饰工程中等关键工序项目部设置质量管理点，强化过程检查和验收，并实行质量否决制，保证关键部位处于质量控制状态。

3 工程施工技术难点和绿色施工

3.1 新型开放式石材幕墙

本工程外立面为新型开放式石材幕墙，石材板缝不使用密封胶封闭，在视觉上板缝有深度、立体感，外饰效果好，由于不使用密封胶，无胶油渗出腐蚀石材和吸附灰尘，使幕墙表面长期保持清洁，外观装饰效果更好（图 2）。同时对该幕墙的施工质量要求极高，施工成为工程施工的重点和难点。在新型板材幕墙的安装方式、平整度、耐久性、防水性能方面控制到位，确保了幕墙的质量。

3.2 空调排风量调试

本工程 A 区（行政、办公区）采用变风量全空气系统形式，室内采用单风道 BOX 末端进行送风。空调箱设置于屋面，采用变频风机，DDC 变风量控制。B 区（实验区）采用全新风变风量气流追踪系统，本区域中实验室区域须确保环境安全并兼顾舒适，故采用高精度快速变风量 VAV 对送排风进行快速、精

图 2　石材幕墙

确控制，所有 VAV 均在试验设备动作 1s 内做出风量响应，并在 1s 内达到设定风量，整个实验室变风量气流追踪系统的调试与验收均在实验室 100% 满负荷工作情况下实施，并经过 SGS 测试，保证实验室环境的安全及舒适，整个实验室气流追踪系统分为单设备、区域就地、系统整体三个控制层级，每个层级均可独立显示及控制，同时保证局部故障时不影响其他区域及系统整体运行。除实验室外的其他办公、教室、讨论室等房间采用单风道 BOX 末端送风。空调箱设置于机房层，采用变频风机，DDC 变风量控制。本工程机械排烟系统与空调回风（排风）系统合用总管道，空调送风管兼消防补风管，在房间空调支管上安装电动防火阀，火灾时通过消防控制系统控制阀门的开启和关闭。防烟楼梯间采用机械加压送风的方式进行防烟，加压风机设置在屋面上（图 3）。

3.3 机电各专业安装现场综合管线的布控

本工程各系统专业管线较多、错综复杂，部分管道需要在结构施工时预留好洞口，对预留洞位置偏差控制精度要求高；工程开工伊始，项目部就组建了专业的 BIM 团队，对建筑、

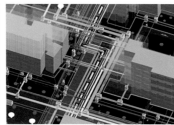

图 3 室内排风调试 　　图 4 室外管道综合 　　图 5 管线排布

结构、装修、机电等进行全专业 BIM 综合建模、检测装修与安装、各安装专业之间的碰撞、净高检查分析，根据碰撞点及施工规范对图纸进行优化，形成管线综合平面图、剖面图、净空分析图等指导施工，预留洞口做到精准定位（图 4、图 5）。

3.4 机电设备消声减振综合施工技术

本工程机电设备集中设置在屋面机房层，为保证室内安静舒适的办公与学习环境，所有机电设备均采取了加强的消声减振综合施工技术。机电系统设计与施工前，通过对机电系统噪声及振动产生的源头、传播方式与传播途径、受影响因素及产生的后果等进行细致分析，制定消声减振措施方案，对其中的关键环节加以适度控制，实现对机电系统噪声和振动的有效防控。机房层整体设置有浮筑楼面，机房墙面采用穿孔率不同的吸声板设置组合式吸声墙，机房顶面采用吸声纤维喷涂，对水泵、电动机、冷冻机、空调外机等振动源专门设置隔振基础，对风机设置内部减振器并在风机、空调箱下部设置组合式隔振器，空调风管上针

对低频、高频噪声的不同特性设置消声器与消声弯头，每个风口设置消声静压箱，各风管段风速按照声学计算控制风速（图 6）。

3.5 绿色施工

通过建立绿色施工管理体系，制定系统完整的管理制度和绿色施工整体目标，将绿色施工的工作内容具体分解到管理体系结构中去，使项目成员在领导小组的组织协调下各司其职地参与到绿色施工过程中，使绿色施工规范化、标准化。具体实施前编制执行总体方案，施工组织设计中有独立成章的绿色施工章节，对实施过程进行控制，以达到前期制定的绿色施工目标（图 7～图 9）。

同时新技术、新工艺的推广与应用在实施前进行全方面策划，根据工程特点、管理目标、

图 8 扬尘控制 　　图 9 定型化防护

图 6 屋面机房 　　图 7 绿色施工场地布置实景

环保要求等，进行综合分析，在方案优化、工艺标准、成本分析等方面进行对比，确定本工程推广应用新技术计划，以科技推进绿色施工发展才是真正有效的低碳环保。

整个建筑单体通过节能计算对建筑外围护设置了加强的外保温、超白三银 Low-E 玻璃幕墙，以降低建筑整体空调能耗；所有用水器具均采用符合 LEED 最高节水标准的洁具；生活热水在夏季优先采用太阳能，冬季优先采用供暖系统蒸汽冷凝水余热；对于实验室用水量较大的 RO 水系统，采用高效水处理装置，原水回收率达到 90% 以上；室外绿化浇灌用水采用回收后雨水，喷灌系统采用土壤湿度控制；整个项目照明灯具均采用使用寿命达到 50000h 的 LED 灯具，整个项目按照不同区域的使用功能设置有全自动照明控制系统，通过照度感应器、人体存在感应器、运动感应器以及调光模块的自动控制充分利用自然光、避免无人时的长明灯，通过照明控制软件的数据分析提供最佳的照明能耗分配方案；整个空调系统采用变风量控制，各个房间均设置独立的就地控制器，整个空调系统通过自控系统在非工作时间使空调系统进入低负荷工作状态，在过渡季节充分利用室外新风；各个空调机组均设置热回收装置，在保证室内空气质量的前提下充分利用排风余热；对全新风且大风量的实验室区域，采用快速、高精度 VAV，通过实时气流检测精确控制室内送排风量，在保证室内负压的同时严格控制各个区域的送排风量，整个系统的能耗较普通实验室空调节能 30% 以上（图 10~图 13）。

图 12　LED 灯具　　图 13　高效水处理装置

4　工程质量管理

4.1　地基与基础分部工程

488 根 ϕ500 预应力管桩，桩长 13.5~15m，经静载检测，均大于设计单桩竖向承载力极限值；478 根桩低应变完整性检测，其中 Ⅰ 类桩 459 根，占 96%，Ⅱ 类桩 19 根，占 4%，无 Ⅲ、Ⅳ 类桩，均满足规范要求。

本工程共设置 32 个沉降观测点，建筑物最大沉降 3.4mm，最小 0.17mm，最后 100d 沉降速率小于 0.01mm/d，沉降已稳定，结构性能安全可靠。

基坑开挖时办理基坑验槽手续。基础钢筋绑扎到位通过验收，认真做好隐蔽工程验收记录。模板支撑对轴线、几何尺寸进行复核，确保轴线、构件尺寸符合图纸设计要求后再进行混凝土浇灌，混凝土采用"双掺"技术，混凝土浇灌振捣密实，表面拍平抹光，做到内实外光，基础分部工程评定达到合格标准（图 14、图 15）。

4.2　主体结构分部工程

混凝土结构棱角方正，节点清晰，构件尺寸和偏差均在规范允许范围内，混凝土试块的强度均满足符合设计要求。在框架填充围护墙

图 10　Low-E 玻璃幕墙　　图 11　节水洁具　　图 14　基坑平面　　图 15　桩基础

的砌筑过程中，我们严格按皮数杆进行砌筑，拉结筋设置牢固，砌体的垂直度、平整度、水平灰缝、砂浆饱满度均在规范允许范围内，砂浆强度经评定合格。主体结构观感质量良好（图16）。

图16 主体结构拆模效果

4.3 建筑装饰装修分部工程

整个建筑采用先进的设计理念，立面设计简洁明快、端庄稳重，外墙采用了外保温系统技术，幕墙施工中，预埋件位置精准、焊接牢固、龙骨顺直，金属板、石材安装平整，玻璃幕墙打胶均匀、垂直，外墙的各项性能指标都达到了国家和行业的先进水平。

在内装上，施工过程中通过严格的施工管理，做到了：石材和瓷砖表面平整洁净、缝格平顺，缝宽均匀，周边镶嵌顺直，色泽一致；木质地面的表面平整洁净、接头错开、拼缝严密，颜色一致、铺设牢固；涂层的表面涂饰均匀，粘结牢固、平整、光泽、洁净，分色线顺直清晰、颜色均匀一致；饰面材料表面洁净、色泽一致、搭接（交接）平整、吻合，压条纵横平直、宽窄一致、拼缝严密、安装牢固，饰面板上安装的灯具、烟感器等设备的位置合理、牢固、美观，与饰面板交接吻合、严密；各装饰分部工程的隐蔽验收、检测报告等资料均真实齐全符合国家规范标准和环保节能要求，且各分部工程都一次通过验收（图17~图20）。

图17 共享空间

图18 休息区

图19 卫生间

图20 毛毯走廊

4.4 屋面分部工程

屋面防水层采用TPO防水卷材，保温层主要采用130mm厚XPS挤塑聚苯板，屋面细部做法精细，排水通畅，使用至今无渗漏现象，观感质量好（图21）。

图21 屋面TPO防水卷材

4.5 给水排水及供暖分部工程

给水排水、消防管道畅通无渗漏，管道安装平直规范；支架设置合理，做法考究。设备机房布局合理，排列整齐，阀门、仪表朝向一致，油漆光亮，标识清晰。各类卫生器具安装美观，冲水感应灵敏，功能可靠（图22）。

图22 给水排水、消防设备管道

4.6 建筑电气分部工程

电缆沿支架、桥架敷设单层敷设，排列整齐。灯具、电具安装：灯具安装，固定可靠。配电柜（箱）与基础型钢连接紧密，固定牢固，接地可靠，接缝平整，盘面标识牌齐全，正确并清晰（图23、图24）。

图23 配电房　　　　图24 等电位联结端子箱

4.7 通风与空调分部工程

风管咬口紧密，普通钢板焊接无烧穿、漏焊和裂纹等缺陷。支吊托架的型式、规格、位置、间距符合设计要求及施工规范规定，通风管道防腐、保温处理符合要求，各类管道布置合理。各系统管线色标清晰、标识明确，管道连接严密无渗漏现象（图25）。

图25 通风与空调设备管道

4.8 智能建筑分部工程

本工程内设综合布线系统、网络设备、程控语音系统、电子围栏、车辆管理、出入口管理、视频监控、报警系统、离线巡更、广播系统、信息发布、会议多媒体。各项设备布置合

理，系统运行平稳可靠，操作方便，信息传输准确流畅（图26）。

图26 智能化控制设备

4.9 保温节能分部工程

本工程屋面保温采用130mm厚XPS挤塑聚苯板（混凝土屋面）及145mm厚XPS挤塑聚苯板（钢屋面）；干挂石材幕墙、金属板幕墙外墙保温采用90mm厚岩棉保温层；涂料墙面外墙保温采用30mm厚复合发泡水泥板保温层。照明光源采用节能灯具，采取就地与集中结合的照明控制措施。空气调节冷热水管绝热层材料采用橡塑海绵，空气调节风管绝热层材料采用离心玻璃棉。原材料出厂质量合格证、检测报告齐全并见证取样复试，复试结果合格后方可使用，实行事前、事中、事后过程控制。本工程建筑节能符合现行《公共建筑节能设计标准》GB 50189及《建筑节能工程施工质量验收规程》DGJ 08—113，节能分部工程专项验收合格。

4.10 电梯分部工程

本工程共设置2台电梯，电梯前厅简洁大方，电梯安装牢固、运行平稳、安全可靠。产品的功能、性能等项目系统测试结果均符合要求（图27）。

图27 电梯照片

5 技术创新及新技术应用

（1）本工程在施工中注重新技术、新产品、新工艺、新材料的使用，以技术手段提高施工质量，取得了良好的成果。同时工程注重安全生产及职业健康管理，杜绝重大安全事故，保护好现场及周边环境。

（2）本工程应用了住房和城乡建设部10项新技术（2017版）中7大项17子项，江苏省10项新技术（2011版）中4大项7子项，获得了"江苏省建筑业新技术应用示范工程"，实现了经济效益与社会效益的双丰收。

（3）QC成果及论文。

《开放式幕墙防水钢板安装质量控制》荣获2019年江苏省工程建设质量管理小组活动成果三等奖；《穿梁套管高进度定位施工方法》荣获2017年度江苏省土木建筑协会优秀论文三等奖。

6 综合效果及获奖情况

本工程结构性能安全可靠，建筑沉降稳定，符合设计和规范要求；环保节能、室内装饰精细、安装技术先进、性能优良等工程质量亮点，充分体现了工程的品质。

本工程荣获（图28）：

2018年江苏省优质工程勘察设计行业奖优秀建筑电气专业三等奖；

2018年江苏省优质工程勘察设计行业奖

图28 部分获奖证书

优秀建筑环境与能源应用专业三等奖；

2020年江苏省优质工程勘察设计行业奖优秀绿色建筑专业三等奖；

2020年苏州市城乡建设系统优秀勘察设计（建筑工程设计－民用建筑）一等奖；

2020年江苏省优质工程勘察设计行业奖优秀水系统工程专业一等奖；

LEED NC认证银级、绿色建筑二星标识；

2018年江苏省建筑施工标准化星级工地；

2019年度昆山市优质结构奖；

2018年度江苏省建筑业绿色施工示范工程；

2020年度江苏省建筑业新技术应用示范工程；

2021年度昆山市优质工程"琼花杯"；

2021年度苏州市优质工程"姑苏杯"；

2021年度江苏省优质工程"扬子杯"。

（吴安夏　李健　汤晓乾）

1 工程概况

汪曾祺是出生于高邮的中国当代著名作家，为纪念这位文化名人，高邮市政府围绕"聚文化人""聚才创新"工程，倾力打造汪曾祺文化特色街区，汪曾祺纪念馆是整个街区的核心和主体建筑。"汪曾祺文化特色街区"项目位于高邮市人民路南侧、傅公桥路西侧，建筑面积 11280m²，由 4 个地上单体，汪曾祺纪念馆（2 层）、汪家家宴（2 层）、汪家客栈（3 层）、汪迷部落（单层）和地下室（−1 层）组成，框剪结构，其中纪念馆局部柱为钢混结构，工程总造价 7009 万元，抗震设防烈度 7 度。2019 年 6 月 26 日开工，2020 年 9 月 11 日竣工验收，2020 年 10 月 18 日汪曾祺纪念馆在高邮正式开馆，受到社会各界高度关注和评价。

该工程由高邮秦邮旅游开发有限公司投资建设，同济大学建筑设计研究院（集团）有限公司设计，扬州市建厦工程建设监理有限责任公司监理，江苏建宇建设集团有限公司施工总包。项目分区详图见图 1。

图 1 项目分区图

工程选址在高邮市老城区的人民路历史风貌区内，结合了"城""水""间"的设计理念。纪念馆造型像掀开的书稿，整个建筑群造型现代、自由、灵活，立面简洁大方。纪念馆清水混凝土的朴素立面，代表着汪老朴素的一生，水平的混凝土凹凸肌理象征着一摞摞的稿纸，起翘的屋顶象征着汪老笔下高邮的似水涟漪。按"一轴两带三片"分为 4 个功能区，馆内两层建筑设 11 个展厅，分为"百年汪老""汪曾祺的文学世界""家乡的人和事""为人为文""怀念与传承"5 个主题，全面展现了汪老先生的大师风范。

项目的建成，是高邮人民对乡贤汪曾祺及其文学遗产的深深致敬，是高邮文化建设事业的一份丰硕成果。它将是宣传展示高邮风土人情、推进高邮文化旅游的一张靓丽名片，更是"汪迷"以及众多文学爱好者的朝圣之地，也必将成为历史文化名城高邮的新地标，同时也能吸引更多的人走进高邮。

2 工程创优特点、亮点简介

2.1 跳仓法施工

原理：将超长的混凝土整体块体划分为若干小块体并进行间隔施工，经过短期的应力释放（即适当收缩后），再将若干小块体连成整体，依靠混凝土自身产生的抗拉强度来抵抗下一阶段混凝土收缩的温度收缩应力（即混凝土的温度、收缩变形受到约束时，混凝土内部所产生的应力）。

亮点：后浇带从进度、质量、环保、安全、

管理等方面给施工单位带来极大困难，经济上的损失更大，所以取消后浇带具有现实意义（图 2）。

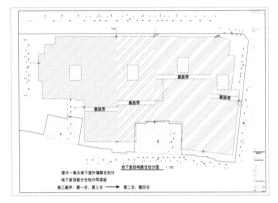

图 2　地下室结构跳仓区段划分与施工顺序图

由于工期紧、标准高，为使本项目能按时交付开馆，总包方经与甲方、监理及设计单位多次沟通，建议进行设计变更，取消原图纸的"伸缩后浇带及沉降后浇带"，采用"跳仓法"施工解决混凝土的收缩问题，由于该方法第一次在高邮及本公司使用，为稳妥并打消各方疑虑，我们特聘请省内五名建筑行业内知名的设计、施工方面的专家到现场就采用"跳仓法"施工代替常规的"后浇带"施工进行论证，取得了一致意见，为后期的装饰工程和布展施工赢得了时间。本工程以车库结构设计图纸后浇带一侧为施工缝划分为 4 个施工段、4 个仓区，具体划分与施工顺序详见图 2 地下室结构跳仓区段划分与施工顺序图。

每次混凝土浇筑相邻仓浇筑时间间隔不少于 7d，依次按顺序完成整个车库地下室结构施工。另增加底板及顶板膨胀加强带来抵抗混凝土由于温度收缩应力产生的有害裂缝。膨胀带与底板混凝土同时浇筑，详见图 3、图 4。

地下室底板跳仓法施工次序按照隔仓施工的原则进行：第一仓、第三仓→第二仓、第四仓。

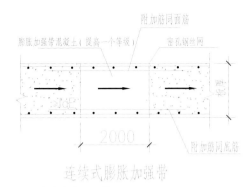

图 3　连续式膨胀加强带

图 4　现场图片

2.2　清水混凝土施工

随着木纹清水混凝土元素使用得越来越频繁，木纹能更加体现清水混凝土自然、朴素的风格，将建筑与自然融合得更加完美。本工程设计师将木纹清水混凝土表面纹理设计为弧形、面有凹凸或木纹连续无通缝等各类表面效果，增加了施工难度、延长了施工周期，并且模板造价较高。因此对于弧形、凹凸、无通缝木纹清水混凝土需要研发改进一套相应的技术，解决模板体系设计、施工中的问题，实现良好的清水建筑效果，同时能缩短施工周期，降低工程成本。

本工程清水混凝土构件包括外墙、内墙、部分平顶区域。外墙为凹凸木纹清水混凝土墙，内墙为无凹凸木纹清水混凝土墙。

清水混凝土的运用，在室内采用松木模板脱模后呈现的年轮纹，室外采用杉木模板，更加坚硬。室内以 10cm 的统一模数适当弱化肌理，避免喧宾夺主；室外则运用了 4cm、6cm、10cm 三种模数，在一层为通长的肌理，二层出现长短变化，给人带来水波荡漾的意象遐思（图 5~ 图 8）。

图 5　纪念馆清水外墙（北　图 6　纪念馆清水内墙展示厅
广场立面）

图 7　纪念馆清水顶棚　　图 8　夜空下的一瞥

1）清水混凝土上弧形窗口造型

本工程有大量起翘屋顶，起翘位置形成了大量不规则的窗户。窗户上方为弧线形，下方水平，窗户长度达到了 5~6m 不等。窗户上部弧形造型较难实现，混凝土施工落料及振捣施工较难。

掀起一角的三角窗成为展馆的标志性元素。三角窗长长的起翘，让混凝土盒子不再笨拙与封闭，有了"如翚斯飞"的神韵。窗内展示的是汪曾祺的文学世界，窗外则是他所描绘的现实世界，一束阳光透过三角窗洒在汪老的书桌上，内外世界仿佛穿越时空般交流，这掀起的一角，也让观者在参观过程中，不经意间"可以俯瞰人家的屋顶"的意涵。

二层运用了起翘的小三角窗，将日光引入并照亮整个清水混凝土屋顶底面。屋顶采

用了双层构造，钢架形成的空腔联系了上方的防水保温层和下方的边梁上翻混凝土楼板。三角窗和内部展陈相契合，窗内是汪老的文学世界，窗外则是他所回不去的故乡。阳光透过三角窗洒在书桌上，内外世界交融在一起（图 9、图 10）。

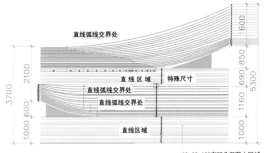

图 9　三角窗起翘深化

图 10　起翘的三角窗

2）清水混凝土构造墙形成狭小空间

本工程有大量清水混凝土构造线形成狭小的设备空腔，设备空腔内净距 450mm、600mm、200mm 不等，施工操作困难。走进馆内，看不到任何设备管道，建筑运用了暖通空调与设备一体化设计，采用了地源热泵系统，实现主门厅地板式送风，隐藏出风口的同时隔绝夏季冬季的冷热负荷。展厅内设置 600mm 厚的设备空腔，隐藏空调风管、水管、部分末端照明配电箱、展陈配电箱等设备。室内顶部通过灯具点位、烟感、轨道灯位置、喷

淋位置、消防报警器等一体化设计，实现了清水混凝土纯净的内表面（图 11、图 12）。

图 11　设备空腔施工中　　图 12　空腔隐蔽完成

3）清水混凝土外墙保温构造

本工程 400mm 厚外墙中设置有岩棉夹心保温层。外墙中梁构件多，钢筋密，保温层施工困难；保温夹心层将外墙分割为两层较薄的清水混凝土墙，施工困难。经过与专业清水混凝土施工厂家的反复沟通，最终创新性采用了纵横向网状贯通缝的形式，将 60mm 厚保温棉上间隔 1200mm 和 600mm，开设 60~70mm 厚的贯通槽，使前后混凝土自由流淌。同时采用高流动性的混凝土配比，来挑战内侧 40mm 厚混凝土的浇筑极限。最终复合墙厚度被控制在 400mm 以内。通过现场浇筑的试验墙，来检验浇筑效果，最终结果令人满意（图 13~图 16）。

4）优雅的展陈设计

为了最大限度保持清水混凝土的肌理和

图 13　碳化木的拼装　　图 14　定型龙骨加固中

图 15　成型后的清水混凝土　图 16　保温施工过程中
试验墙

整洁的完成面，此项目的展陈设计在较早的时间节点便介入了。底层展陈汪曾祺的小说、诗歌、戏曲在内的文学成就，有的展馆盒子扭转了一定角度使观者的视野能透过玻璃直接观赏到汪老故居，沉浸式地构想他所生活过的环境。二层更多地展示了汪曾祺作为生活家和美食家的一面，以及他与高邮之间的乡愁联系。进行了一些较为创新的布展形式，比如置入一些小盒子，在满足多媒体较暗环境体验需求的同时，协调处理了建筑师希望更多的展览与外部故居环境之间的视线互动关系。

漂浮的七个展馆盒子，8m×16m 的尺寸既能够满足现代展陈的需求，又能较好地融入街区肌理。七个纯粹的清水混凝土盒子落在下方的纵横交错的混凝土和青砖片墙基座之上。场地里保留的树木、两边起翘的屋顶、在屋顶上看周围房子的屋顶，这些空间与景象都承载着汪老的记忆（图 17~图 20）。

图 17　独特的书篇　　图 18　室内一角展现

图 19　各界人士竞相参观　图 20　馆内独特的展陈
学习

2.3　青砖镂空花墙施工

在建筑材料方面，建筑师把现场拆迁时留下的不同时期的旧砖用到了沿街立面，构成"高邮山水图"，还把旧砖瓦用到了场地、坡道、汪迷部落屋顶的铺装上，行走其间，场地的"基因"得以继续传承，这些元素在延续高邮文化传统的同时也能唤起人们的场所记忆。

花式砖墙的做法虽然繁杂，但并不给人带来琐碎和厌烦之感，因为除了他本身形象非常美观、花样赏心悦目之外，其透空部分往往能借调墙体对面的景致，而景致会随着人不断行进而变化的，所以能让人百看不厌（图21~图24）。

2.4 具有艺术性的旋转楼梯

旋转楼梯，越来越多地在公共建筑中使用，既可以增加建筑视觉冲击力，又可以让整个空间变得更丰富有趣，比如法国卢浮宫从连接地面与地下的大尺度旋转楼梯，让人印象深刻。因此汪曾祺纪念馆中，建筑师在中庭沿竖向设置了一对旋转楼梯，并再三要求实现轻盈、流淌的效果。接近于360°的双层螺旋楼梯受力形态较为复杂，传统的单螺旋楼梯近似于拉压杆，结构稳定，但双层螺旋楼梯，由于

中间没有稳定支点，变形带有悬挑特性，很难控制其挠度和应力。经过我公司的二次深化，对传统楼梯结构进行了一系列的创新与优化，首先是梯梁本身，采用了纵横双隔板结构，将两侧箱梁连接到一起，形成一个整体大箱体来抵抗竖向荷载。同时为了满足承载力，与建筑师协商，将栏板作为结构构件来使用。最终，整个梯梁高度控制在350mm高，满足了建筑师的想象，并经过专业施工团队的共同努力，最终活灵活现的旋转楼梯展现在了世人面前，一度成为人们向往的打卡地。

通过螺旋楼梯可以到地下 –1 层，这里有咖啡休息厅和临时展厅，它们围绕水院布置。这里可以凝视墙上汪老深邃的文字，也可回看入口大厅的人来人往。穿过一层报告厅，还可以来到汪老书吧静静品读，隔窗与树庭中的汪老坐像展开心灵对话（图25~图28）。

2.5 劲性柱、梁施工

本工程有大量钢构柱、梁，使对拉螺杆无法贯穿，模板固定刚度不足，容易产生炸模，

图21 现场拆迁的旧砖

图25 旋转楼梯制作中　　图26 旋转楼梯成型后

图22 西立面　　　　　图23 北立面　　　　　图24 东立面沿街"山水图"效果

图 27　俯视旋转楼梯　　图 28　透过幕墙看旋转
　　　　　　　　　　　　　　　　楼梯

钢结构位置混凝土施工空间狭小，落料、振捣困难，混凝土质量风险大。在纪念馆南侧的台阶休息厅中，建筑师希望提供一个开阔干净的空间，可以让在台阶上读书的人远眺不受遮挡，因此结构工程师经过方案比选后，提供了悬挂结构的解决思路。将连廊、幕墙全部悬挂于屋面之上。考虑到屋面为 11m 的悬挑结构，荷载较大，因此采用了 2.5m 高钢骨桁架作为主受力构件，也进行竖向悬挂承载。最终，一个阶梯式的展厅赫然诞生，阶梯面对的落地玻璃墙外是汪园与一座清代老宅，读者可以坐在台阶上，读书、看信、静思，感受汪老的精神世界。"五一"试开放期间，就有不少市民和游客慕名来到汪曾祺纪念馆，在这里一坐就是半天，如今这里已经成为高邮最热门的一处网红读书打卡地（图 29、图 30）。

图 29　钢结构悬挑　　　图 30　完成后的阶梯台阶

2.6　施工缝的留设技巧

本工程清水混凝土体量较大，需要留设水平及竖向施工缝，施工缝位置质量成型控制较难。在建筑的 2 层展厅位置，建筑师希望墙体角部可以开设一些水平缝，展现出书籍微张

的意象，又可以通过光影，将内外空间有机结合在一起，形成忽明忽暗的趣味空间。但这样的做法，无疑使结构墙体的水平、竖向传力路径均被打断，形成了开缝剪力墙结构。那么结构是否可以突破常规？此处结构工程师借鉴了弹簧的概念，通过盘山路让力流逐渐向下传递。同时采用有限元软件，进行精细网格化的整体和局部应力分析。最终，纪念馆散落的两层七个灰色盒子矗立于居民区之上，不大不小的体量与周围阡陌纵横的老街区相得益彰，一同散发着老城质朴的烟火气息和历史街区空间的当代演绎（图 31~图 34）。

图 31　纪念馆俯视效果　　图 32　错综复杂的格调

图 33　内外相映的感观　　图 34　纪念馆与部落的连接

2.7　新技术运用

本工程应用住房和城乡建设部建筑业新技术 8 大项 11 小项，见表 1。

江苏省建筑业新技术 3 大项 3 小项，具体见表 2。

共计应用了 14 项新技术，通过对新技术的应用，提高了施工效率，确保了施工质量，加快了施工进度，促进了安全生产和文明施工，给本工程带来了可观的经济效益，同时又取得了良好的社会效益。今后我们还将在新技术、新工艺、新材料及新设备等方面继续推广

住房和城乡建设部建筑业新技术　　表 1

2.7	高强钢筋应用技术
2.8	高强钢筋直螺纹连接技术
3.8	清水混凝土模板技术
5.8	钢与混凝土组合结构应用技术
6.8.1	金属矩形风管薄钢板法兰连接技术
7.4	施工扬尘控制技术
8.5	种植屋面防水施工技术
8.9	高性能门窗技术
8.10	一体化遮阳窗
9.6	深基坑施工监测技术
10.7	基于物联网的劳务管理信息技术

江苏省建筑业新技术　　表 2

4.1	地下现浇混凝土抗裂防渗应用技术
6.4	PVC 成品式预埋套筒应用技术
10.2.1	塔式起重机安全监控应用技术

应用，力争将科技转化为生产力，促进企业的科技进步。

3 获奖情况

本工程创优目标明确，质量计划周密，工程过程管理实施严格。基础和主体质量可靠，装饰做工精细，安装细部处理考究，多处显示“精品工程”的特征，业主及相关方对工程质量及后期服务非常满意。2021 年获上海市建筑学会公布的九届建筑创作奖“公共建筑佳作奖”，2021 年被江苏省勘察设计协会评为“优秀设计奖”，获 2020 年上半年江苏省建筑施工标准化星级工地，获 2020 年度江苏省建筑业新技术应用示范工程，获 2020 年扬州市优质结构工程，获 2021 年度扬州市优质工程“琼花杯”，获江苏省工程建设省级工法 2 篇（“弧形凹凸无通缝木纹清水混凝土模板施工工法”“悬挂式镂空青砖装饰外墙施工工法”），获 2020 年度扬州市建筑业 QC 小组活动一等奖 1 篇，获 2021 年度江苏省优质工程“扬子杯”称号等（图 35）。

获奖证书
荣获2021年度江苏省优质工程奖“扬子杯”。

荣誉证书
HONORARY CREDENTIAL
江苏建宇建设集团有限公司：
你单位承建的汪曾祺特色街区项目建设工程-土建分项工程（项目经理王迎平）荣获 2021 年度扬州市“琼花杯”优质工程奖。
特发此证，以资鼓励。

荣誉证书

证　书
被评为2020年上半年江苏省建筑施工标准化星级工地（等级：★）。
特发此证，以资鼓励。
项目经理：王迎平

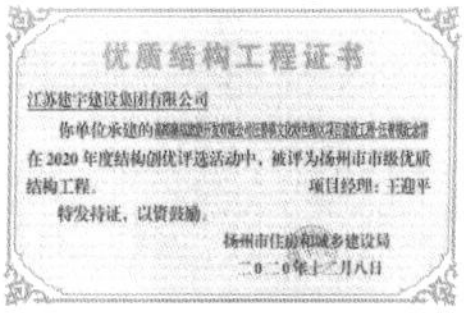
优质结构工程证书
江苏建宇建设集团有限公司
在 2020 年度结构创优评选活动中，被评为扬州市市级优质结构工程。　项目经理：王迎平
特发持证，以资鼓励。
扬州市住房和城乡建设局
二〇二〇年十二月八日

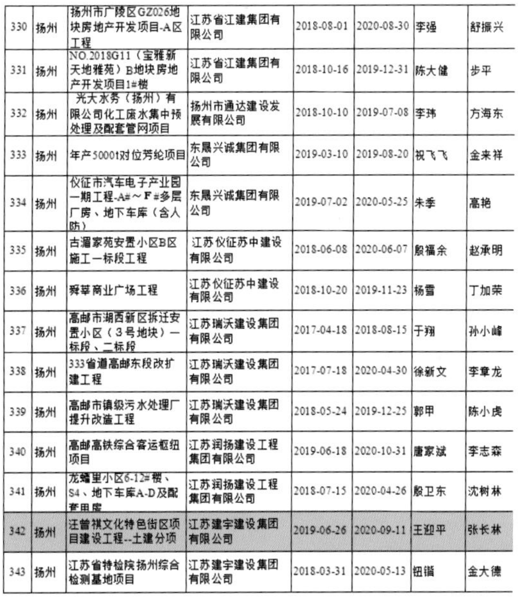

330	扬州	扬州市广陵区GZ026地块房地产开发项目-A区工程	江苏省江建集团有限公司	2018-08-01	2020-08-30	李强	舒振兴
331	扬州	NO.2018G11（宝雅新天地雅苑）B地块房地产开发项目1#楼	江苏省江建集团有限公司	2018-10-16	2019-12-31	陈大健	步平
332	扬州	光大水务（扬州）有限公司化工废水集中预处理及配套管网项目	扬州市通达建设发展有限公司	2018-10-10	2019-07-08	李玮	方海东
333	扬州	年产5000t对位芳纶项目	东晟兴诚集团有限公司	2019-03-10	2019-08-20	祝飞飞	金来祥
334	扬州	仪征市汽车电子产业园一期工程-A#～F#多层厂房、地下车库（含人防）	东晟兴诚集团有限公司	2019-07-02	2020-05-25	朱季	高艳
335	扬州	古湄家苑安置小区B区施工一标段工程	江苏仪征苏中建设有限公司	2018-06-08	2020-06-07	殷福余	赵承明
336	扬州	舜莘商业广场工程	江苏仪征苏中建设有限公司	2018-10-20	2019-11-23	杨雪	丁加荣
337	扬州	高邮市湖西新区拆迁安置小区（3号地块）一标段、二标段	江苏瑞沃建设集团有限公司	2017-04-18	2018-08-15	于翔	孙小峰
338	扬州	333省道高邮东段改扩建工程	江苏瑞沃建设集团有限公司	2017-07-18	2020-04-30	徐新文	李章龙
339	扬州	高邮市镇级污水处理厂提升改造工程	江苏瑞沃建设集团有限公司	2018-05-24	2019-12-25	郭甲	陈小虎
340	扬州	高邮高铁综合客运枢纽项目	江苏润扬建设工程集团有限公司	2019-06-18	2020-10-31	唐家斌	李志森
341	扬州	龙蟠里小区6-12#楼、S4、地下车库A-D及配套用房	江苏润扬建设工程集团有限公司	2018-07-15	2020-04-26	殷卫东	沈树林
342	扬州	汪曾祺文化特色街区项目建设工程--土建分项	江苏建宇建设集团有限公司	2019-06-26	2020-09-11	王迎平	张长林
343	扬州	江苏省特检院扬州综合检测基地项目	江苏建宇建设集团有限公司	2018-03-31	2020-05-13	钮锴	金大德

图 35　获奖情况

705	弧形凹凸无通缝木纹清水混凝土模板施工工法	江苏建宇建设集团有限公司	王迎平、郭桂花、稽宏山、黄益宝、王习山
706	配置玄武岩纤维复合筋的城市综合管廊施工工法	江苏新纪元公用事业建设有限公司	乔良、王晨光、佘如凤、丁劲松、冯晓程
707	明挖隧道深基坑全自动应力补偿系统钢管支撑施工工法	江苏清源建设发展集团有限公司	缪祥、屠正忠、胡卫钧、李晶、丁飞

第36页

江苏省住房和城乡建设厅文件

苏建质安〔2020〕225 号

关于公布2020年度江苏省工程建设省级工法名单的通知

各设区市住房城乡建设局（建委）：

根据《工程建设工法管理办法》（建质〔2014〕103号）有关规定，在企业自主网上申请以及设区市建设行政主管部门推荐的基础上，省住房城乡建设厅组织专家对有关部门和地区申报的1554项工法进行了网评、会评和公示。经研究，决定批准"静态爆破岩石场地平整施工工法"等769项工法为2020年度江苏省工程建设省级工法。

附件：2020年度江苏省工程建设省级工法公布名单

—1—

江苏省勘察设计行业协会

汪曾祺文化特色街区项目建设工程——土建分项

该项目位于汪曾祺文化特色街区标志性建筑。总建筑面积1.13万㎡（地上0.54万㎡，地下0.59万㎡）。

纪念馆建筑在肌理上融入古城，采集空间穿梭的手法组合庭院空间，运用片墙叠合，隐喻文化内涵。

在建筑材料方面，用现场拆迁的旧砖瓦运用到新建建筑，延续了历史与场地的"基因"，又展现了绿色建筑的理念。

1. 根据建筑布局，合理设置结构抗震单元；

2. 根据建筑形体和空间布局要求，较好的选择了结构支撑体系和屋架体系；

3. 悬挂结构、组合悬挑桁架及不规则平面厚板的应用，很好的完成了建筑造型的要求。

综上所述，本项目总体评价为优秀设计。

图35　获奖情况（续）

（张天桃　黄益宝　周钊）